Sophia Lorenzoni

Auf der Pirsch

Von Jagdhunden, Gewissensbissen und der Liebe zur Natur

blv

INHALT

PROLOG

Jagd verbinden die meisten Fachfremden mit dem Töten von Tieren. Richtig, das Erlegen eines Tieres ist Teil der Jagd, allerdings nur ein ganz geringer. Zur Jagd gehört noch sehr viel mehr dazu. Das Beobachten, Hegen und Pflegen von Wild, Wald und Natur, die Einschätzung und das entsprechende Handeln sind Bestandteil der Jagd. Das jahrhundertealte Handwerk wird von Tradition begleitet, die bis heute gepflegt wird.

Jährlich zum 3. November erschallt in vielen Kirchen der Klang der Jagdhörner. Die Hubertusmesse wird abgehalten, um den heiligen Hubertus, den Schutzpatron der Jäger, zu ehren. Doch auch unter dem Jahr ertönen Jagdhörnerklänge zu unterschiedlichsten Feierlichkeiten. Neben dem Jagdhornblasen gehört auch die Arbeit mit Jagdhunden zum jagdlichen Brauchtum. Hatten Sie schon einmal einen Wildunfall, bei dem das Tier verletzt und in Panik in den Wald rannte? Für solche Fälle gibt es anerkannte Nachsuchengespanne. Ein ausgebildetes Team aus Hund und Mensch wird hinzugerufen, um das verletzte Tier aufzuspüren und es zu erlösen, bevor es im Wald qualvoll verendet.

Mein Buch soll über alle Facetten der Jagd Klarheit schaffen und dem Jagd- und Naturinteressierten zeigen, womit sich das Waidwerk beschäftigt. Begonnen bei der Jägerprüfung, die nicht umsonst auch »grünes Abitur« genannt wird, über die ganz eigene Waidmannssprache bis hin zur Verwertung von Wild. Die Jagd dient dem Menschen seit jeher zum Überleben, und auch in der heutigen Zeit – obwohl sich vieles verändert hat – ist die Jagd wichtig, um einen gesunden Wildbestand im Einklang mit der Natur zu halten.

Die Natur ist unser wichtigstes Gut und muss deshalb von jedem einzelnen Menschen wertgeschätzt werden. Oftmals geht diese Wertschätzung im stressigen Alltag verloren. Ich hoffe und wünsche mir, dass ich dem einen oder anderen den Blick auf die Natur und ihre Nutzung an die Bewusstseinsoberfläche fördere. Denn es gibt so viel Schönes in ihr zu entdecken, der Mensch muss nur die Augen öffnen und sich auf sie einlassen.

Große Füße, kleine Pfoten – Emil und Sophia sind ein unschlagbares Team, nicht nur auf der Jagd!

Der erste **Schuss**

»Wer bist du eigentlich, dass du dir herausnimmst, ein Lebewesen zu töten?«, frage ich mich selbst. Zitternd sitze ich mit der geladenen Waffe auf dem Hochsitz. Markus, ein erfahrener Jäger, sitzt neben mir. Vor uns ist gerade ein Rehbock aus dem Wald auf die Wiese getreten. Diesen soll ich erlegen. Die Gedanken schwirren in meinem Kopf und ich frage mich, ob ich nicht vielleicht doch besser Vegetarierin werden sollte.

Der gesamte Hochsitz scheint zu beben. Ich versuche mich zu konzentrieren und den Bock ins Fadenkreuz zu zirkeln, doch plötzlich scheint die Waffe viel zu groß zu sein. Hat sie sich nicht vorhin noch perfekt an Schulter und Wange geschmiegt? Ich versuche den Bock ins Sehfeld des Zielfernrohrs zu bekommen, aber ich sehe auf einmal nur noch eine schwarze runde Fläche. Ich bin einfach noch nicht bereit! Markus gibt mir ein Zeichen, dass sich der Bock im hohen Gras niederlegt. Für einen kurzen Moment fühle ich Erleichterung, denn auf ein liegendes Tier schießt der Jäger nicht. Dies ist eine der vielen fest definierten Verhaltensnormen waidgerechten Jagens, die ich in der Jagdschule gelernt habe und die das Jägerhandwerk so besonders machen. Es hat etwas mit Würde und Respekt vor der Kreatur zu tun und wird daher auch als Ehrenkodex der Jäger bezeichnet.

Doch die Erleichterung hält nicht lange an, denn mir wird bewusst, dass der Bock sicher nicht ewig liegen bleiben wird. Der passionierte Jäger Markus spürt meine Zweifel. Er redet mir gut zu: »Wenn der Bock wieder auf den Läufen ist, konzentrierst du dich nur auf den Schuss. Das schaffst du!«

Zwanzig Minuten später steht der Bock wieder. Jetzt liegt es an mir. Ich nehme die Waffe hoch und plötzlich ist die ganze Aufregung wie weggeblasen. Hoch konzentriert, die Waffe fest an der Schulter, das Auge am Zielfernrohr, nehme ich den Bock ins Visier. Ich sehe, wie das Fadenkreuz ruhig knapp hinter seinem Schulterblatt ruht. Trifft die Kugel den vitalen Bereich, in dem Herz und Lunge liegen, die sogenannte Kammer, ist der Schuss tödlich. Dies wird deshalb auch Kammer- oder Blattschuss genannt, weil die Kammer hinter dem Schulterblatt liegt. Ganz bewusst rufe ich mir die Bilder von Viehtransporten und Massentierhaltung vor mein inneres Auge. Dieses konventionell produzierte Fleisch will ich einfach nicht mehr essen. Selbst bei Bio-Fleisch bin ich skeptisch und habe kein Vertrauen darauf, dass die Haltung und der Transport der Tiere wirklich artgerecht und stressfrei verlaufen sind. Eine Ausnahme mache ich bei privaten Nutztierhaltern in meiner Umgebung, die im Jahr beispielsweise vier oder fünf Lämmer schlachten, die bei ihnen auf der Wiese vor dem Haus gelebt haben. Hier freue ich mich, wenn ich eine Lammkeule gegen eine Rehkeule tauschen kann.

Ich möchte diesen Bock mit einem sofort tödlichen Schuss treffen. So, dass er nicht leiden muss. Er hatte ein gutes Leben, wurde nicht mit Antibiotika und anderen Medikamenten behandelt und durfte frische Brombeerblätter, Kräuter und Gras äsen, wenn ihm danach war. Und er konnte sich durch die freie Natur bewegen, wann immer er Lust danach verspürte.

Ich hole zweimal tief Luft, lege den Finger an den Abzug, atme ruhig aus und drücke schließlich ab. Dann kommt es zurück, dieses Zittern. Diesmal fühlt es sich allerdings ganz anders an. Ich habe auf ein Tier geschossen, es getötet. Oder etwa nicht? Ich erschrecke zutiefst, denn ich sehe, wie der Bock in hohen Sätzen in den Wald abspringt. »Mist! Das gibt's doch nicht!«, schießt es mir durch den Kopf. »Jetzt schießt du das erste Mal auf ein Lebewesen und triffst nicht richtig. Ich gebe den Jagdschein gleich wieder ab«, denke ich verzweifelt.

»Er hat gut gezeichnet«, höre ich plötzlich eine Stimme und erschrecke erneut. Markus sitzt ja noch neben mir! Den hatte ich schon beinahe vergessen. Mit Zeichnen meint er das Verhalten des Bockes direkt nach dem Schuss. Durch den Feuerball und den Rückstoß der Waffe konnte ich das nicht genau erkennen. Außerdem habe ich in meiner Aufregung gar nicht darauf geachtet. Markus ist sich als erfahrener Jäger sicher, dass die Kugel genau in den Brustraum des Bockes getroffen hat. Dort, wo sie hingehört. Ich möchte am liebsten gleich vom Hochsitz herunter und nachsehen, denn mein Gewissen plagt mich ungemein. Ich möchte nicht, dass ein Tier wegen mir leiden muss, doch ich muss mich noch eine Weile gedulden.

Eine Zigarettenlänge abwarten, heißt es immer. Zum einen, damit anderes Wild, das zum Zeitpunkt des Schusses möglicherweise in der Nähe war, den Knall nicht mit Gefahr verbindet und mit dieser auch den Hochsitz und den Jäger verknüpft, und zum anderen, damit das beschossene Tier, das sich meist in der Nähe im Wundbett niedergetan hat, nicht durch den zu früh herantretenden Menschen aufgemüdet, also aufgescheucht wird. Derart angerührtes Wild flieht oftmals noch weitere Strecken, selbst wenn es schwer verwundet ist. Dies ist auch eine solche Verhaltensregel des jagdlichen Ehrenkodex. Wirklich ruhig sitzen fällt mir jedoch sehr schwer. Meine Gedanken drehen sich um den Schuss. Ich mache mir Vorwürfe, dass ich überhaupt geschossen habe.

Endlich ist es so weit. Nach einer gefühlten halben Ewigkeit sagt Markus: »Lass uns leise abbaumen und zum Anschuss gehen.« So nennt es der Jäger, wenn er Waffe und Rucksack packt und vom Hochsitz heruntersteigt. Als Anschuss wird genau die Stelle bezeichnet, an der sich das Tier zum Zeitpunkt der Schussabgabe befand. Diese wird sorgfältig untersucht. Meist sieht der Jäger recht schnell, ob und wenn ja, wo das Tier getroffen wurde. Er erkennt dies am Farbton und an der Beschaffenheit des Blutes – der Jäger nennt dies Schweiß –, am ausgetretenen Mageninhalt, wenn der Schuss zu weit hinten saß, an der Art und Anzahl von Knochensplittern und etlichem mehr.

Am Anschuss angekommen, fällt mir ein Stein vom Herzen: Wir finden rosafarbenes Blut, das lauter kleine Bläschen aufweist. Dies ist ein eindeutiges Zeichen für einen Lungenschuss und bedeutet, dass der Bock nicht weit geflohen sein kann. Doch zu früh gefreut. Wir gehen dort in den Wald hinein, wo der Bock ins Dickicht verschwunden ist. Kleine Blutspritzer verraten uns, dass wir auf dem richtigen Weg sind. Doch was ist das? Plötzlich stehen wir vor einem Teich. Fünf Zentimeter bevor das Ufer beginnt, der letzte Tropfen Schweiß. Aber einen Bock sehen wir nicht.

»Das hättest du mir auch mal vorher sagen können, dass hier ein Teich ist. Jetzt schwimmt der da bestimmt irgendwo drin rum«, denke ich missmutig. Geändert hätte es vermutlich nichts, wenn ich das vorher gewusst hätte. Wahrscheinlich hätte ich trotzdem geschossen. Aber trotz allem bin ich etwas verärgert.

»Lass uns zum Auto gehen und Felino holen«, sagt Markus. Felino ist sein Jagdhund, ein Schweizer Niederlaufhund, der mit seiner guten Nase den beschossenen Rehbock sicher schnell und zuverlässig finden wird. Gesagt, getan. Ich gehe denselben Weg durch den Wald zurück, den wir auf dem Hinweg bis zum Teich genommen haben. Bis zum Anschuss sind es nur knapp fünfzig Meter. Markus dagegen sucht sich einen etwas einfacheren Rückweg mit weniger Gestrüpp. Ich bin kaum an der Wiese angekommen, als ich ihn plötzlich rufen höre: »Ich nehm dann mal den hier!« Ich bin mir sicher, mich verhört zu haben. Was meint er denn damit?

»Wie? Was nimmst du?«, frage ich daher in den Wald hinein. Und da sehe ich auch schon, wie sich die Äste am Waldrand bewegen und Markus aus dem Wald auf die Wiese hinaustritt. Hinter sich her zieht er ein Reh. Meinen ersten Bock! Ein warmer Schauer läuft mir über den Rücken. Glücklich und erleich-

Ein Reh zieht über die Wiese. Jetzt gilt: ruhig bleiben, beobachten und erst dann entscheiden, ob es sich um ein jagbares Tier handelt.

tert laufe ich ihm entgegen. »Der hat den Knall noch nicht einmal gehört, geschweige denn die Kugel gespürt«, sagt Markus. »Superschuss, mach weiter so, und du wirst eine erfolgreiche Jägerin!« Ein wenig stolz auf meinen Jagderfolg, beschließe ich, mir diese Worte ganz fest zu Herzen zu nehmen.

Die letzten Meter tragen wir den Bock gemeinsam auf die Wiese und legen ihn dort nieder. Natürlich auf seine rechte Körperseite, mit dem Herzen nach oben zeigend, denn so will es das jagdliche Brauchtum. Markus tritt kurz in den Wald zurück und holt drei Fichtenzweige. Einen Ast lege ich dem Bock als sogenannten letzten Bissen quer ins Maul, jagdsprachlich Äser genannt. Mit dem zweiten Fichtenzweig bedecke ich die Einschussstelle der Kugel – dies nennt sich in der Jägersprache Inbesitznahmebruch – und mit dem dritten Zweig tupft Markus etwas Schweiß von der Schusswunde, um ihn dann auf die rechte Seite meines Hutes, den ich bereits vom Kopf genommen und ihm gereicht habe, zu legen. Er überreicht mir nun meinen Hut zusammen mit dem darauf befindlichen Schützenbruch mit einem kräftigen Händedruck samt einem nachdrücklichen »Waidmannsheil!«, worauf ich ihm, von der Situation noch immer etwas überwältigt, mit »Waidmannsdank!« antworte. Den Bruch stecke ich an die rechte Seite meines Hutes und setze diesen wieder auf meinen Kopf.

Nach alter Tradition würden wir nun eigentlich den Bock mit dem entsprechenden Totsignal »Reh tot« auf dem Jagdhorn verblasen. So werden die Signale genannt, die nach dem Erlegen eines Wildtieres geblasen werden. Da Markus aber kein Jagdhorn spielt und ich zu der Zeit, im wahrsten Sinne des Wortes, von Tuten und Blasen noch keine Ahnung habe, müssen wir darauf leider verzichten. Dafür knie ich neben dem toten Bock nieder, erweise dem Tier die letzte Ehre und lasse das Geschehene noch einmal Revue passieren.

Nach ein paar Minuten stehe ich auf. Gemeinsam tragen wir das Reh zum Auto. Bis zur Wildkammer ist es nicht weit. Die Organe müssen bis spätestens zwei Stunden nach dem Schuss aus dem Wildkörper entfernt werden und nach der ordnungsgemäßen Versorgung des Wildes muss es dann möglichst rasch abgekühlt werden. Wer Wild vermarktet, braucht eine Wildkammer, die unter anderem über fließendes warmes Wasser, leicht und effizient zu reinigende Edelstahlarbeitsflächen, entsprechende Arbeitsgeräte und eine Kühlzelle verfügt. Hygiene ist hierbei oberstes Gebot. Entweder hat der Jäger eine eigene Kühlkammer in seinem Keller oder in der Garage oder er darf gegen einen Obolus die Wildkammer des Jagdnachbarn mitnutzen. Nur wer ausschließlich für den Eigenbedarf jagt, muss keine diesbezüglichen Vorgaben einhalten – allerdings unterliegen auch Jäger, die das Wild nur zum Eigenbedarf jagen, der Pflicht zur Fleischuntersuchung beim amtlichen Veterinär, sollten sie bedenkliche Merkmale am verendeten Tier festgestellt haben. Ebenso gelten auch für sie die nationalen Hygienevorschriften in Form der amtlichen Untersuchungspflicht für Fleisch- und Allesfresser, wie es das Wildschwein ist, auf Trichinen.

Trichinen sind Fadenwürmer. Ihre Larven werden über den Verzehr von rohem oder ungenügend erhitztem kontaminiertem Fleisch aufgenommen. Im Darm des befallenen Tieres oder auch Menschen reifen sie zu Würmern heran. Im Dünndarm entwickeln sie sich dann innerhalb kurzer Zeit zum adulten Tier, paaren sich und produzieren Larven. Diese bohren sich durch den Dünndarm, gelangen so in die Lymphen und damit ins Blut. Sie strömen damit durch den gesamten Körper und lassen sich im gut durchbluteten Muskelgewebe nieder, aber auch im Zwerchfell, in den Augen und in der Zunge, weshalb für die Trichinenprobe vor allem Gewebeteile aus dem Zwerchfellpfeiler oder dem Lecker, der Zunge, entnommen werden. Für Sauen sind Trichinen ungefährlich. Beim Fehlwirt Mensch verursachen Trichinen jedoch die (meldepflichtige) Infektion Trichinellose, deren Symptome unter anderem Fieber, Schwindel, Schwäche, Bauchschmerzen und Muskelschmerzen sind. In Einzelfällen führt die Infektion zum Tod. Daher muss bei untersuchungspflichtigen Schlachttieren sowie bei Fleisch fressenden Wildtieren, wie unter anderem Schwarzwild, eine Trichinenuntersuchung vorgenommen werden.

Oftmals verfügen Jäger in ihrer Garage nur über einen großen Kühlschrank, der Platz für zwei Rehe bietet. Bevor das Wild küchenfertig zerlegt wird – oder zerwirkt wird, wie der Jäger sagt –, sollte es erst einmal ein paar Tage abhängen, damit das Fleisch entsprechend reifen kann.

Und nun bin ich an der Reihe. Etwas ungelenk versuche ich die Bauchdecke so zu öffnen, der Jäger nennt dies aufschärfen, dass ich dabei keine Innereien verletze. Magen- und Darminhalt verderben das Wildfleisch und dürfen deshalb auf keinen Fall austreten. Dann mache ich mich daran, das Schloss zu öffnen, so wird die faserknorplige, bei älteren Tieren verknöcherte Verbindung der beiden Beckenhälften beim Wild, die sogenannte Schambeinfuge, genannt. Es gibt eine bestimmte Stelle, an der das Messer angesetzt werden muss, dann lässt sich dieses knacken wie eine Muschel. Doch ohne Erfahrung ist das längst nicht so einfach, wie es klingt. Markus tritt näher und hilft mir dabei. Da es bei größerem und älterem Wild oft viel

Kraft braucht, das Schloss zu öffnen, bin ich mit der Zeit zum Ringeln übergegangen. Dabei wird das Waidloch, also der After des Tieres, ausgelöst und mitsamt dem Darm nach außen gezogen. Dies hat nicht nur den Vorteil, dass ich weniger Kraft benötige, sondern ist auch wildbretschonender, da die wertvollen Keulen dabei nicht eröffnet werden und somit die Eintrittstelle für die für den Fleischverderb verantwortlichen Bakterien geringer ist. Zudem trocknet bei dieser moderneren Methode das wertvolle Wildbret der Keulen nicht so stark aus wie bei der Methode des Schlossaufbrechens.

Als Nächstes öffne ich den Brustkorb. Durch das Brustbein geht es etwas leichter, doch auch da tue ich mich schwer, und das, obwohl ich bereits einige Wildschweine aufgebrochen habe. Aber wie bei allem braucht es auch beim Aufbrechen Routine, bis alles reibungslos klappt. Irgendwann habe ich es dann doch geschafft und mein Schnitt reicht vom Waidloch – also dem After – bis hoch zum Schlund. Vorsichtig schärfe ich das Zwerchfell von den Rippen ab. Nun können Gescheide und Geräusch, also alle Innereien des Bauch- und Brustraums, entnommen werden. Bei dieser ganzen Arbeit hängt der Bock kopfunter an den Hinterläufen an einem sogenannten Wildgalgen. Das wird vor allem deshalb so gemacht, da durch die Schwerkraft die Innereien nicht über die Keulen fallen, sondern in Richtung Kammer. Das Risiko eines ungewollten Schnitts oder Stichs in die Verdauungsorgane und somit das Kontaminieren des wertvollen Wildfleisches mit Bakterien wird dadurch deutlich minimiert.

Als alle Organe entfernt sind, untersuche ich sie, um zu sehen, ob sie irgendwelche bedenklichen Merkmale aufweisen. Als Jäger bin ich eine sogenannte kundige Person, also entsprechend geschult, um selbst zu entscheiden, ob das Wildbret, also das Wildfleisch, zum Verzehr geeignet ist. Ein Amtstierarzt ist für eine Fleischuntersuchung nur nötig, wenn das Wild in größerem Umfang vermarktet werden soll beziehungsweise wenn bedenkliche Merkmale am Wildbret festgestellt werden. Für eine Jungjägerin, wie ich es zu diesem Zeitpunkt bin, ist es dennoch nicht ganz einfach, den Überblick zu behalten, und ich bin daher froh, das mir Markus zur Seite steht. Angemerkt sei hier noch kurz, dass ein Jungjäger übrigens kein Jäger jungen Alters ist, wie die Bezeichnung vermuten lassen könnte, sondern ein Jäger, der den Jagdschein noch nicht lange innehat, also noch am Anfang seiner »Jägerlaufbahn« steht.

Form, Färbung und Größe der Milz sind so, wie sie sein sollten. Auch das Herz sieht von innen und außen gesund aus. Die Lunge ist unauffällig, so wie auch die Leber. Die Nieren schneiden wir, wie das Herz, ein wenig auf, um ins Innere sehen zu können. Auch hier ist alles unauffällig. Da der Bock sich auch vor dem Schuss normal verhalten hat, keinen Husten oder anderweitig auffällige Verhaltensweisen zeigte, ist somit alles in Ordnung und sein Wildbret kann ohne Bedenken verzehrt werden.

Leber, Herz und Nieren packen wir in eine Tüte. Die werde ich später zusammen mit Kirschtomaten, Zwiebeln, etwas Sahne und verschiedenen Gewürzen zubereiten. Den Bock spülen wir nun gründlich mit klarem Wasser aus und hängen ihn an einem Haken zum Abkühlen in den Kühlraum. Dort sollte er noch ein paar Tage abhängen, damit das Fleisch ausreichend reifen kann. Plötzlich hören wir ein Auto auf den Hof fahren und sehen Markus' Vater aussteigen. Strahlend kommt er auf mich zu. Auf sein »Waidmannsheil!« antwortete ich ihm stolz »Waidmannsdank!«.

Mein **grünes** Abitur

Während viele über die Familie jagdlich geprägt werden und sich deshalb zum Jagdkurs anmelden, läuft es bei mir völlig anders. Meine ersten Kontakte zur Jagd knüpfe ich während eines unserer Skiurlaube. Wir sind eine Gruppe von etwa fünfzig Stuttgartern, die sich jährlich im österreichischen Skigebiet Hochfügen zum Skifahren trifft. Ich bin in diesem Jahr dreizehn geworden. Verträumt stehe ich im Flur unserer Pension und starre die Trophäen an der Wand an. Plötzlich tritt einer aus unserer Gruppe neben mich. »Na, weißt du, was das ist?« Jäger Simi, siebenunddreißig Lenze jung, erzählt mir von Rehen, Hasen und Füchsen und natürlich auch von den Gämsen, die in den österreichischen Bergen nicht zu knapp vorkommen. Er erzählt mir viel über unser heimisches Wild und ich könnte stundenlang seinen Worten lauschen.

Die meisten der Trophäen stammen von Gämsen. Es sind schwarze, am Ende nach hinten gebogene stangenförmige Hörner, die die Jäger Krickel oder auch Krucken nennen. Simi erklärt mir, dass sich an den Hörnern der Gämsen, ähnlich wie bei einem Baum, jedes Jahr ein Ring mehr bildet. Bei einer zähle ich acht Ringe, bei einer anderen sechzehn. »Wieso wurde die Gams hier schon mit vier Jahren geschossen?«, frage ich Simi. »Vielleicht, weil sie krank war und den Winter nicht überlebt hätte. Die genaue Antwort kann dir nur der Jäger geben, der sie erlegt hat«, sagt er. »Aber wenn du gerne mehr über die Jagd erfahren möchtest, dann komm doch einfach einmal mit mir auf den Hochsitz.« Ohne zu überlegen, nehme ich das

Der Besuch eines Flintenparcours macht nicht nur sehr viel Spaß, sondern hilft auch, die Schießtechnik und Treffsicherheit zu verbessern.

Angebot an. Da wir in der Regel während der jagdfreien Zeit – zwischen Februar und April – im Skiurlaub sind, muss ich mich jedoch noch etwas gedulden, bis ich das erste Mal mit auf die Jagd gehen kann. Trotzdem erzähle ich meinen Eltern von meinem Vorhaben.

Was meine Mutter, von Beruf Waldorf-Pädagogin und der Natur und den Tieren gegenüber sehr sanft und liebevoll eingestellt, darüber denkt, weiß ich nicht. Ich vermute, dass sie mich den Jäger nur deshalb auf die Jagd begleiten lässt, weil sie weiß, dass ich mit meinem Dickschädel sowieso nicht zu bremsen wäre. Insgeheim hofft sie vielleicht sogar, dass ich weinend heimkomme und nie wieder etwas von der Jagd wissen möchte. Aber dieser Wunsch wird ihr nicht erfüllt. Als die Jagdzeit wieder beginnt, ziehe ich mit Simi los ins Revier.

Es ist ein kalter Morgen im Mai. Warm eingepackt, machen wir es uns noch in der Dunkelheit auf einem Hochsitz am Waldrand bequem. Langsam geht die Sonne auf und taucht die Natur in immer heller werdendes Licht. Der Morgengesang der Vögel setzt ein und nach und nach verzieht sich auch der letzte Fetzen Morgennebel. Ein Häschen hoppelt über die Wiese und beginnt fünf Meter vor unserem Sitz einen Löwenzahn zu mümmeln. Fasziniert beobachte ich den Hasen. »Den dürfen wir nicht erlegen, er hat Schonzeit«, flüstert Simi neben mir. Ich erschrecke, habe ganz vergessen, dass wir eigentlich hier sitzen, um Beute zu machen. Irgendwie bin ich beruhigt, dass das Häschen weiterleben darf.

»Was bedeutet eigentlich Schonzeit?«, frage ich Simi. »Es gibt für jede Wildart gesetzliche Vorgaben, wann der Jäger ein Tier schießen darf. Diese hängen unter anderem mit dem biologischen Rhythmus der Tiere zusammen. Vor allem im Frühjahr, wenn viele Wildtierarten ihren Nachwuchs bekommen, brauchen sie viel Ruhe. Deshalb dürfen sie in dieser Zeit auch nicht bejagt werden.« Da der Hase im Mai noch nicht bejagt wird, hat er wohl Glück gehabt.

Mehr sehen wir an diesem Morgen leider nicht. Trotzdem sitze ich auf der Heimfahrt zufrieden im Auto und weiß, dass dies nicht mein letzter Ansitz gewesen sein wird. Zwei oder drei weitere Male begleite ich Simi auf die Schwäbische Alb, immer wieder sind es sehr schöne Ansitze, doch obwohl wir einiges an Wild sehen, kehren wir jedes Mal ohne Beute heim. Entweder weil das Tier keine Jagdzeit hat oder weil es Simi nicht möglich ist, einen sicheren Schuss anzutragen. Meine Mutter scheint ganz froh über die Tatsache, dass ihre Tochter nicht miterlebt, wie ein Tier erlegt wird. Was sie zu diesem Zeitpunkt noch nicht wusste, war, dass es nicht auf ewig so bleiben sollte.

Nach meiner bestandenen Abiturprüfung sitze ich in einer Bar in Reutlingen und unterhalte mich mit zwei Männern. Ich kann mich nicht mehr erinnern, wie es sich ergab, aber plötzlich kommen wir auf das Thema Jagd zu sprechen. Der eine wird schlagartig ziemlich aufgeregt. Ich merke, dass er ziemlich begeistert davon ist, dass ich den Jagdschein machen möchte. Interessiert fragt er mich aus, ob meine Eltern auch Jäger seien und wie ich zur Jagd gekommen sei. Ich erzähle die Geschichte aus dem Skiurlaub und dass ich sehr gerne Fleisch esse.

Kurz darauf begleite ich ihn auf den Ansitz. Vor uns tritt ein Reh auf die Wiese, wir beobachten es beim Äsen und keiner von uns beiden denkt in diesem Moment an Jagd. In unserem Rücken befindet sich Wald, vor uns die Wiese mit dem Reh, und die Sonne beginnt langsam unterzugehen, während sich der Himmel rot färbt. Keiner von uns spricht ein Wort, es ist auch gar nicht nötig. Wir genießen den Anblick und die Waffe bleibt auch an diesem Abend unberührt.

Zwei Jahre ist das nun her. Mehrfach war ich mit auf der Ansitzjagd, habe an Drückjagden teilgenommen und dabei auch erste Erfahrungen im Zusammenhang mit erlegtem Wild gemacht. Für mich steht fest: Ich möchte jetzt endlich den Jagdschein machen! Doch die Ausbildung zum Jäger beziehungsweise zur Jägerin kostet viel Zeit und Geld. Es heißt nicht umsonst, dass der Jäger ein grünes Abitur ablegen muss. Irgendetwas fehlt mir aber leider immer: entweder das Geld oder die Zeit oder beides. Doch dann, mit zweiundzwanzig Jahren, am Ende meines Studiums, nachdem ich alle Semesterferien durchgeackert habe, passt irgendwann alles zusammen und ich beginne meine Jagdausbildung.

Ein individuell angepasster Flintenschaft führt zu einem besseren Schießergebnis!

Mit einem dicken Ordner unter dem Arm kehre ich im November 2014 von der Jagdschule zurück, bei der ich mich zum Kurs angemeldet habe. »Es schadet nicht, wenn du dir vor dem Kurs schon mal einen Überblick verschaffst und das Skript durchblätterst.« Das waren die Worte, die mir auf den Weg mitgegeben wurden. In dem mehrere Hundert Seiten umfassenden Skript werden alle fünf Prüfungsfächer von Haar- und Federwild, Waffentechnik und -recht über Jagd, Jagdhunde bis hin zu Wildkrankheiten und Behandlung von erlegtem Wild genauestens erläutert. Im ersten Moment klingt das alles recht übersichtlich, doch als ich die Seiten so durchblättere und dabei die Details in Augenschein nehme, wird mir doch etwas mulmig.

Hoch motiviert setze ich mich zu Hause auf Sofa. Den Teil rund um das Waffen- und Jagdrecht muss ich wohl auswendig lernen. Beim Thema Jagdhunde muss ich nicht nur die einzelnen Rassen genau kennen, sondern auch alles über deren Haltung und Pflege wissen, wie zum Beispiel die gesetzliche Mindestgröße eines Zwingers. Meinen Hund würde ich zwar in keinen Zwinger sperren, aber das wird den Prüfern als Antwort wohl nicht genügen. Ich beginne mich zu fragen, wie ich das alles neben dem Studium schaffen soll.

Da ich aus keinem Jägerhaushalt stamme, muss ich komplett bei null beginnen. Wie eine Waffe durch den Wald getragen wird und wie das erlegte Wild später versorgt werden muss, davon hat keiner in meiner Familie auch nur die leiseste Ahnung. Als Erste, die das wissen möchte, muss ich nun also wohl oder übel bei Adam und Eva beginnen.

Als ich den Ordner weiter durchsehe, stoße ich auf ein Thema, an das ich mich noch aus meiner Schulzeit erinnern kann. Es sind die vier Mägen der Wiederkäuer. Auch Hirsch und Reh haben Pansen, Netz-, Blätter- und Labmagen. Doch auch alle anderen Organe sind im Skript genau beschrieben. Also gehe ich davon aus, dass ich sie auch lernen muss. »Eigentlich könnte ich auch gleich Tiermedizin studieren«, denke ich mir.

Und es wird nicht besser: Bei den Wildkrankheiten kenne ich gerade noch den Fuchsbandwurm, viel mehr kommt mir aber nicht bekannt vor. Rachendasseln etwa, das sind kleine Fliegen, die ihre Larven in die Nasen von Huftieren spritzen. Dort wandern die Larven in die Nasenhöhlen und in den Rachenraum, um sich dort zu entwickeln. Vor allem junge Rehe sind davon befallen. Die etwa zwei bis zu vier Zentimeter langen, knapp einen Zentimeter Durchmesser fassenden fertig entwickelten Larven werden ausgeniest oder ausgehustet. Beim Blick auf das Foto, das im Skript mit abgebildet ist, bekomme ich eine Gänsehaut. Noch ahne ich nicht, dass ich diese ekelerregenden Tiere in nur weniger als einem Jahr hautnah selbst erleben werde.

Im März 2015 geht es dann endlich los. An einem Samstagvormittag treffen sich alle dreizehn Jagdscheinanwärter in der

Jagdschule zum sich über sechs Wochen erstreckenden Wochenend-Blockkurs. Ich bin wie immer das Nesthäkchen. Zehn Männer im Alter von fünfundzwanzig bis fünfzig sitzen an einem langen Tisch. An den Wänden hängen präparierte Tiere und Plakate mit Jagdhunden. Da ist ein hagerer Mittvierziger mit Glatze, ein kleiner Braunhaariger mit Piepsstimmchen und einer mit Bierbauch ist auch dabei. Neben mir sitzen noch zwei weitere Frauen im Kurs. Eine, Ende vierzig, ebenfalls rotes Haar wie ich, allerdings nicht gefärbt. Die andere ist etwa eineinhalb Meter groß und hat einen braunen Labrador dabei. Ich mustere jeden Einzelnen und mache mir ein erstes Bild.

Der Tätowierte mit den rasierten Haaren etwa, wie ein angehender Jäger sieht der in meinen Augen nicht aus ... Aber das denken die anderen von mir wahrscheinlich auch: Das rothaarige junge Mädchen kann doch sicher kein Tier erlegen. Nachdem wir uns alle kurz vorgestellt haben, beginnt der Unterricht. Noch sind alle ganz konzentriert und hören zu. Doch ziemlich schnell fühle ich mich um zehn Jahre zurückversetzt. Wie in der Schule gibt es auch in unserem Kurs den einen, der glaubt, stets und ständig jedes noch so kleine Detail des Lehrstoffes mit seinem Nachbarn diskutieren zu müssen. Von der Sorte »Das müsste doch aber so oder so sein« gibt es mehr als nur einen. Schon bald merkt der Ausbilder, dass er es hier mit einer Gruppe kritischer Schüler zu tun hat, von denen jeder Einzelne bereits einen geringen Teil Fachwissen mitbringt.

Und irgendwann merke ich: Verdammt, ich selbst gehöre auch dazu. Etwa als es um das Thema Hundeimpfungen geht und die Frage gestellt wird, wofür denn eigentlich die Abkürzung SHPPi stehe. Da kann ich direkt aus meiner Praktikumszeit in verschiedenen Tierarztpraxen berichten. Die Abkürzungen stehen für die einzelnen Impfstoffe Staupe, Hepatitis, Parvovirose und Parainfluenza, auch bekannt als Zwingerhusten. Und der lange Glatzkopf ist Sportschütze und übernimmt immer wieder den Versuch, den Unterricht der Waffenkunde zu übernehmen. Kurzum: Wir machen es den Kursleitern nicht einfach.

Natürlich müssen wir auch lernen, wie das Wild versorgt wird, nachdem es erlegt wurde. Es wird ja nicht einfach im Wald liegen gelassen. Und damit wir das Fleisch später essen können, müssen alle Organe schnellstmöglich entnommen werden, damit der Wildkörper anschließend rasch abkühlen kann. Das Aufbrechen, wie es in der Jägersprache heißt, muss eigentlich jeder Schüler vor der Prüfung selbst durchgeführt haben. Denn hier kann einiges falsch gemacht werden. Doch da wir unsere Ausbildung genau während der jagdfreien Zeit – also in der Brut- und Setzzeit vieler Wildtiere – absolvieren, ist das schwierig umzusetzen. Also hat unser Ausbilder ein »Wollreh« bei einem Bauern bestellt. So nennt er das Schaf, an dem er uns das Aufbrechen zeigen möchte.

Als das Schaf ankommt – natürlich ist es nicht mehr lebendig, das sollte das Wild nach dem Schuss ja auch nicht mehr sein –, wird es kopfunter aufgehängt. Darunter steht eine Wanne, die das Blut und die Innereien auffangen soll. Jeder, der sich zum Jagdschein anmeldet, sollte mit diesem Anblick umgehen können. Vor mir steht ein Mitschüler, der plötzlich kreidebleich wird. Er sagt, ihm sei schwindelig. Ich breite nur noch die Arme aus und fange den bereits bewusstlosen Mann auf. Er ist nicht ganz leicht und gemeinsam mit meinen Mitschülern bringe ich ihn in Schocklage.

Nicht lange, und wir stehen wieder zu dreizehnt um das Schaf. Wirklich Farbe ins Gesicht bekommt der Geschädigte heute allerdings nicht mehr. Doch, nur um das kurz vorwegzunehmen, er wird als Erster von uns allen nach der Jägerprüfung Beute machen und den Bock selbst aufbrechen. Vielleicht hat er ja einfach einen besonderen Bezug zu Schafen … Da ich im vorigen Winter bereits einige Jagden als Treiberin begleitet habe, auf denen ich selbst meine ersten Wildschweine aufgebrochen habe, wusste ich bereits, was uns erwartet.

Was wäre Schule ohne Eselsbrücken? Es gibt einen Bereich, mit dem sich ein Großteil von uns schwertut, und zwar mit dem Land- und Waldbau. »Wir wollen doch später nicht auf Bäume schießen«, sagen wir. Doch das hilft nichts, die Prüfungsordnung sieht vor, dass ein Jäger unter anderem auch die heimischen Getreide- sowie Baumarten kennt. Und das ist auch gut so. Eine Eselsbrücke soll uns helfen, die Sommer- von der Winterlinde zu unterscheiden. Beim genauen Betrachten der Blätter haben diese auf der Unterseite Haare. Die Linde im Allgemeinen ist also an ihren »Achselhaaren« zu erkennen, natürlich aber auch an ihrer markanten Blattform. Nun stellt sich aber die Frage, ob Sommer- oder Winterlinde. Na, ganz einfach: Im Sommer werden die Haare durch die Sonne gebleicht, im Winter sind sie eher dunkel. Und so merken wir uns, der Baum mit den blonden »Achselhärchen« ist die Sommerlinde, die mit den braunen die Winterlinde. Auf solche Ideen kommen die Schüler, wenn sie bereits am Freitagabend Schießtraining hatten, der Samstag von zehn bis achtzehn Uhr durchgebüffelt wurde und dann der Sonntag das Hirn um weitere acht Stunden überfordert hat.

Einen Tag der Ausbildung verbringen wir von morgens bis abends im Revier. Denn die ganzen Hochsitze in der Landschaft wachsen schließlich nicht von selbst aus der Erde. Auch

Ein Schießstock bietet auch bei der Abgabe eines Schusses auf geringe Distanz eine sichere Gewehrauflage.

das Bauen will gelernt sein. Da wir mit dreizehn Personen etwas viele sind, werden wir in zwei Gruppen eingeteilt. Unsere Gruppe beginnt am Schießstand und übt Tontaubenschießen, während die anderen schuften dürfen.

Tontauben sehen aus wie orangefarbene Untertassen, die durch die Luft fliegen und auf die der Schütze mit der Flinte zielt, um sie vom Himmel zu holen. Dabei wird der Schuss auf Flugwild, wie Enten, Tauben und Gänse, trainiert. In Baden-Württemberg, wie auch in einigen anderen Bundesländern, ist diese Disziplin nicht Teil der Jägerprüfung. Prüfungsfächer und Themenschwerpunkte sind Ländersache. Jedenfalls müssen wir vor der Prüfung hundertfünfzig Schuss auf Tontauben abgegeben haben.

Wir sind am Schießstand und haben mächtig Spaß, auch wenn es nicht bei allen so wirklich klappt. Bei manchen zerspringt fast jede Taube, weil sie die Schrotgarbe volle Lotte trifft. Unser Schießausbilder hat viel Geduld und erklärt dem einen oder anderen auch gern dreimal dasselbe: »Wartet, bis die Taube kommt, dann erst nehmt ihr die Flinte hoch«, Tontauben werden nämlich mit Schrot, das heißt mit vielen kleinen Kügelchen, und nicht mit einer großen Kugel beschossen, »wenn ihr drauf seid, lasst fliegen. Nicht zu lang warten, sonst ist sie weg«. Nach fünfzehn Schuss schmerzt mir die Schulter. Der Rückstoß, den die Waffe beim Schuss abgibt, ist nicht ganz ohne. Aber es macht Spaß.

Auch das Schießen auf den laufenden Keiler, das ist eine Scheibe in Form eines Wildschweins, trainieren wir. Diese Scheibe bewegt sich auf einer Schiene und muss in der Bewegung mit der Büchse – einem Gewehr, aus dem je eine Kugel geschossen wird – getroffen werden. Volle Punktzahl gibt's beim gewünschten Treffer in der Höhe des Schulterblattes. Weniger Punkte gibt's, wenn die Kugel auf einen äußeren Ring des Scheibenspiegels trifft. Sie muss allerdings in einem Bereich liegen, in dem das Tier tödlich getroffen worden wäre. Mir fällt es leichter, das Schwein zu treffen, als die Tontauben. »Fixiere den roten Punkt, an der Stelle kommt der Keiler hinter der Wand hervor. Dann nimm die Waffe hoch, fahr mit ihm mit und schieße. Dabei weiter im Schwung bleiben«, erklärt uns der Schießausbilder. Es ist nicht einfach, auf ein bewegtes Ziel zu schießen, aber mit den Tricks des erfahrenen Ausbilders klappt es doch ganz gut. Je mehr Treffer, desto mehr Spaß macht es. Schon fast automatisch schmiegt sich die Waffe an der richtigen Stelle an die Schulter, sodass ich das Ziel gleich anvisieren kann.

Nachdem wir der Reihe nach alle gute Treffer erzielen, macht sich der Schießausbilder einen Spaß mit uns: In der Regel ist es so, dass der Schütze mit dem Kommando »Hopp!« zu erkennen gibt, dass er bereit ist, und dann kommt der Keiler auch schon. Bevor er wieder verschwindet, muss er beschossen werden. Meine rothaarige Mitstreiterin steht vorn und erwartet den geplanten Ablauf. Auf ihr Kommando kommt der Keiler. Aber nicht wie gewohnt von rechts und vorwärtslaufend. Nein, er rennt rückwärts und ist gerade dabei, auf der rechten Seite hinter der Wand zu verschwinden. Die Schützin reagiert flink. Anstatt zu überlegen oder sich zu wundern, fährt sie mit ihrer Waffe mit und drückt im richtigen Moment ab. Der Keiler hat einen tödlichen Treffer, mit voller Punktzahl. Unser Schießausbilder ist beeindruckt.

Die dritte Frau in unserem Bunde tut sich etwas schwerer. Sie möchte den Jagdschein hauptsächlich deshalb machen, um ihren Labrador auf Prüfungen und Jagden führen zu können. Da sie beim Schießen Angst vor dem Rückstoß hat, legt sie die Waffe nicht richtig an der Schulter an. Das ist aber enorm wichtig, um den Rückstoß richtig abzufangen. Ansonsten schlägt die Waffe unkontrolliert zurück. Das Ganze wird uns aber erst wirklich bewusst, als wir bemerken, dass sie einen ganz blauen Finger hat. Sie muss wohl den gesamten Rückstoß mit dem Finger, der hinter dem Abzugsbügel liegt, abgefangen haben.

Nun aber zurück zu unserem Reviertag: Nachdem alle aus der Gruppe ihre Anzahl an Tontauben geschossen haben, geht es für uns im Revier weiter. Wir freuen uns schon riesig auf den Kanzelbau. Nachdem wir den Nachmittag damit verbracht haben, den Hochsitz fertig zu zimmern, den die andere Gruppe zu bauen begonnen hat, während wir am Schießstand waren, und noch ein paar Ausbesserungen an bereits im Revier stehenden Sitzen vorgenommen haben, dürfen wir am Abend ansitzen. Bewaffnet mit einem Fernglas, sitzt ein jeder von uns auf einem Hochsitz und darf sich im Wildansprechen, also im genauen Bestimmen der Wildart, des Alters, Gesundheitszustands und des Geschlechts des jeweiligen Tieres, üben. Im Anschluss treffen wir uns in der Jagdhütte und tauschen uns über unsere gerade gemachten Erfahrungen aus.

Aufgrund des kürzeren Ausbildungszeitraums habe ich mich zu einem sechswöchigen Jagdkurs angemeldet, in dem Theorie und Praxis komprimiert vermittelt werden. Ich hätte mich alternativ auch für einen Jagdkurs bei einer Kreisjägervereinigung entscheiden können, der etwa ein Dreivierteljahr dauert. Doch egal, welche Entscheidung man trifft, mit dem Jagdschein ist es ähnlich wie mit dem Führerschein: Wer am Ende die Prüfung bestanden hat, ist berechtigt zu jagen (beziehungsweise Auto zu fahren), hat aber noch lange keine ausreichende Praxiserfahrung.

Die Prüfung selbst ist für uns alle sehr aufregend. Es gibt einzelne Kandidaten, die auf der Kippe stehen. Deshalb sind Schüler und Ausbilder gleichermaßen ziemlich angespannt. Wir beginnen mit der schriftlichen Prüfung, die aus je fünfundzwanzig Multiple-Choice-Fragen pro Prüfungsfach besteht und auf die man sich mit etwas Fleiß sehr gut vorbereiten kann. Die Schießprüfung kostet mich dagegen schon etwas mehr Schweiß. Als ich endlich aufgerufen werde, gehe ich in den Schießstand zur Schießbahn. Die Schießprüfung beginnt mit der Waffenhandhabung. Dabei muss ich zeigen, dass ich in der Lage bin, die Waffe sicher zu bedienen. Hinzu kommen Fragen zu technischen Aspekten wie zum Beispiel verschiedene

Waffentypen. Anschließend folgt das Schießen mit der Büchse, zunächst auf den Rehbock. In hundert Meter Entfernung befindet sich eine Scheibe, auf der ein Bock aufgezeichnet ist. Den muss ich mit einem tödlichen Schuss in den Brustraum treffen. Damit die Treffer genau nachvollzogen werden können, sind auf der Bockscheibe nummerierte Kreise aufgemalt. Ich darf im Sitzen schießen und die Waffe auflegen, wie später bei der Jagd vom Hochsitz aus. Die Treffer müssen in der Zehn oder der Neun liegen. Insgesamt dürfen wir jeweils fünf Schuss auf den Bock und fünf Schuss auf den laufenden Keiler abgeben. Von diesen insgesamt zehn Schuss müssen fünf einen Treffer landen, und zwar mindestens zwei pro Scheibe. Es reicht also nicht, beispielsweise einen Treffer beim Keiler und vier beim Bock zu erzielen. Da ich bereits nach drei Schuss unterbrochen werde und es heißt: »Sie können jetzt zum laufenden Keiler«, bin ich vorerst erleichtert. Die drei ersten Schüsse müssen also sofort gepasst haben.

Weiter geht's mit dem laufenden Keiler, den ich nun aus etwa fünfzig Meter Entfernung treffen muss. Auch das klappt auf Anhieb. Fehlt nur noch der Prüfungsteil Flintenschießen, also der Kipphase. Hier habe ich mich auch beim Schießtraining immer schon schwergetan. Ich habe zehn Schuss frei, und fünf davon müssen treffen. Der Kipphase fährt wie der Keiler auf einer Schiene in etwa fünfunddreißig Meter Entfernung von der Schießposition. Er besteht aus drei metallenen Klappscheiben im Umriss eines quer flüchtenden Hasen. Mindestens eine Scheibe davon muss umkippen, damit der Schuss als Treffer gilt. Hier brauche ich sogar acht Schuss. Aber es reicht. Erleichtert stelle ich die gebrochene Flinte, gemeint ist damit die geöffnete (und natürlich entladene!) Waffe, wie es Vorschrift ist, direkt im Anschluss in den dafür vorgesehenen Ständer. Draußen warten schon meine Mitstreiter und wollen wissen, wie es bei mir gelaufen ist. An meinem breiten Grinsen erkennen sie gleich, dass alles geklappt hat. Alternativ zum Kipphasen hätten wir mit der Flinte auch am Rollhasen geprüft werden können. Dabei handelt es sich um eine runde Wurfscheibe mit einem Durchmesser von etwa elf Zentimetern, die über den Boden gerollt wird und dabei getroffen werden muss. Doch wir haben uns alle für den Kipphasen entschieden.

Nun fehlt nur noch ein Prüfungsteil: der mündlich-praktische. Wir haben aber noch einen Tag Zeit, um uns darauf vorzubereiten. Am Montagmorgen geht's los. Es ist ein herrlicher Tag. Die Sonne scheint vom strahlend blauen Himmel und nach und nach trudeln die ersten Prüflinge ein. Wir befinden uns auf einem Hof, an den direkt ein Wald anschließt. Dort wird die Prüfung stattfinden. Insgesamt werden fünf Fächer geprüft. Am besten erinnere ich mich an das Fach Jagdpraxis. Wir gehen in den Wald, dort ist ein Anschuss nachgestellt. Also das, was am Boden zu finden ist, wenn ein Tier zwar getroffen wurde, aber abspringt. Ich soll anhand der Spuren nun erklären, wo die Kugel das Wildtier getroffen hat.

Damit ich auch wirklich die richtige Antwort gebe und mich nicht nur auf meine Augen verlasse, fasse ich in die grüne, zähflüssige Masse, die sich zu meinen Füßen befindet. Sie riecht nach angedautem Gras, wie ich bereits vermutet habe. Ich lasse mir noch ein wenig Zeit und schaue auch auf die Stellen rundherum, ob ich nicht vielleicht noch Knochensplitter oder Schnitt- beziehungsweise Risshaare finde. Schnitthaare sind Haare des Tieres, die durch das Eindringen der Kugel in den Wildkörper abgeschnitten werden, und als Risshaare be-

Vor so einem Gamsgehörn stand Sophia als Mädchen und lauschte den ersten Geschichten zur Jagd. Dass später einmal eine passionierte Jägerin aus ihr werden sollte, dachte damals niemand.

zeichnet man die Haare, die beim Austritt der Kugel aus dem Körper herausgerissen werden. Ich finde aber keine weiteren sogenannten Pirschzeichen, daher antworte ich: »Das Tier ist waidwund geschossen!« Das bedeutet so viel wie: »Die Kugel ging durch Magen und/oder Darm.«

Schon als ich mit den Fingern beherzt in den Mageninhalt am Boden greife, weiß ich, den Prüfern muss ich nichts mehr beweisen, bei denen habe ich den Frauenbonus bereits erhalten. Und so ist es auch. Im nächsten Fach, Jagdhundewesen, werde ich zeitgleich mit einem Kollegen geprüft. Mir werden grundsätzlich die angenehmeren Fragen gestellt, wie zum Beispiel »Welche Vorstehhunderassen kennen Sie?«. Ich nenne die, die mir als Erstes einfallen, und der Kollege muss dann diejenigen aufzählen, die noch fehlen. In diesem Stil geht das noch mit einigen Fragen so weiter, ich bekomme schon fast Mitleid mit ihm.

Häufig habe ich das Gefühl, unter den Jägern gesondert behandelt zu werden. Entweder werde ich besonders kritisch beäugt, weil mir als Frau das Handwerk nicht zugetraut wird, oder mir wird – wie an diesem Tag – Respekt gezollt, weil ich mir als eine der wenigen Frauen unter so vielen Männern das Erlernen des Jagdhandwerks so überzeugt zutraue. Doch dazu später mehr.

Auch die Prüfung der weiteren Fächer läuft ohne besondere Vorfälle ab. Jeder von uns erhält direkt im Anschluss an diesen Prüfungsteil eine abschließende Rückmeldung. Noten gibt es keine, es geht nur um bestanden oder nicht bestanden. Insgesamt bewerten rund fünfzehn Prüfer unser Wissen. Pro Fach sind es etwa drei Experten des jeweiligen Gebietes, die uns befragen. Gegen Ende beratschlagen sie sich und tragen die Ergebnisse jedes Einzelnen zusammen. Der Prüfungsleiter kommt auf mich zu und bittet mich, ihn an einen ruhigen Ort zu begleiten. Mit ein paar netten Worten gratuliert er mir zur bestandenen Jägerprüfung. Er ist begeistert und freut sich besonders darüber, eine weitere Frau in der Jägerschaft begrüßen zu dürfen. Vor allem mein fundiertes Wissen über Hunde und zum Thema Jagdpraxis habe ihm gefallen. Wo ich noch etwas sicherer werden solle, sei das Thema Waffen und Munition. Ich bin überglücklich! Nun heißt es nur noch: Abwarten, bis die anderen fertig sind.

Am Abend werden uns unsere Zeugnisse übergeben. Zünftig in Dirndl beziehungsweise Lederhosen gekleidet, treffen wir uns im Biergarten einer urigen Gaststätte. Und wir haben einen echten Grund zum Feiern: Alle dreizehn Kursteilnehmer haben die Prüfung auf Anhieb bestanden. Eine Durchfallquote von null Prozent gibt es selten, daher sind unsere Ausbilder besonders stolz auf uns. Es scheint wohl doch etwas zu bringen, über gewisse Dinge zu diskutieren und Fragen zu stellen, wenn etwas unklar ist, auch wenn dies für die Ausbilder oftmals anstrengend sein mag.

Ein ganz besonderer, einzigartiger Tag in Sophias Leben:
Sie hat es geschafft und ist Jägerin!

Wer einmal
dabei war,
denkt anders
darüber

Zustimmung und Freude sind alles andere als das, was ich bei Familie und Freunden ernte, als ich erzähle, dass ich den Jagdschein machen möchte. Bei manchen Freundinnen habe ich sogar Angst, sie könnten sich deshalb von mir abwenden. Viele von ihnen sind sehr tierlieb und können nicht einmal einer Fliege etwas zuleide tun. Teilweise ernte ich bereits einen bösen Blick, wenn ich meinen Hund nach ungehorsamem Verhalten mit etwas lauterer, tiefer Stimme maßregle.

Auch wenn sie selbst Fleisch essen, ist es etwas anderes, wenn sie sich plötzlich vorstellen müssen, dass derjenige, der vor ihnen steht, Tiere erlegt, um sie zu Lebensmitteln zu verarbeiten. Zwar verunsichert mich das im ersten Moment, aber zum Glück habe ich von meinen Eltern gelernt, am Ende – wenn ich nochmals darüber nachgedacht habe – auf meine innere Stimme zu hören. Ich nutze diese Gelegenheit auch dazu, um herauszufinden, wer meine wahren Freunde sind. Denn nur diejenigen, die nachfragen und sich die Jagd genau erklären lassen, interessiert es auch, was mich antreibt, den Jagdschein zu machen. Wer mir pauschal den Rücken zukehrt, nur weil er sich nicht mit dem Thema Jagd auseinandersetzen möchte (Vegetarier ausgenommen), auf den kann ich in meinem Freundeskreis gut verzichten.

Bei meiner Familie verhält sich das schon etwas anders. Ich wünsche mir nichts sehnlicher, als das Verständnis meiner Eltern und Brüder für meine Passion zu gewinnen. Mein neun Jahre jüngerer Bruder Julius lässt sich schnell begeistern.

In Wanderstiefeln und alter Kleidung, mit einer Warnweste darüber, Handschuhen und einem Stock in der Hand, macht es ihm riesige Freude, im Wald das Wild zu treiben. Vor allem der Gedanke an die leckeren Braten, die aus dem Wildbret der erlegten Tiere gemacht werden können, spornt ihn dabei an.

Mein nur zwei Jahre jüngerer Bruder Leopold ist als Hobbykoch per se nicht dagegen, setzt sich aber, wie er es mit allen Themen tut, kritisch mit der Jagd auseinander. Und schnell landet er bei der Frage: »Warum muss ein Jäger oder eine Jägerin, wie du eine werden möchtest, sein beziehungsweise ihr Handeln mit der Wildregulierung rechtfertigen?« Müssen überhaupt nicht, es ist nur einer von vielen Gründen, weshalb ich auf die Jagd gehen möchte. Da ist zum einen der Gedanke der natürlichen Lebensmittelbeschaffung, zum anderen möchte ich wieder mehr Bezug zur Natur bekommen. Zudem stehen die durch den Menschen veränderte Welt und die Wildtiere beziehungsweise die Natur häufig miteinander in Konflikt, weshalb es einen regulierenden Eingriff durch Jäger benötigt.

So sind beispielsweise Straßen von Menschenhand gemacht und dort ereignen sich naturgemäß jährlich unzählige Wildunfälle. Laut ADAC-Unfallstatistik, die auf den Angaben des Deutschen Jagdverbandes (DJV) beruht, fielen im Jagdjahr 2016/2017 – ein Jagdjahr beginnt stets am 1. April und endet am 31. März des folgenden Kalenderjahres – in Deutschland knapp 228 500 Wildtiere dem Verkehr zum Opfer. Jäger versuchen dem entgegenzuwirken, beispielsweise durch den Einsatz von Wildwarnreflektoren. Das sind die blauen Reflektoren, die an den Straßenbegrenzungspfosten befestigt sind und in den Wald hineinleuchten, wenn sie durch die Scheinwerfer eines herannahenden Autos angestrahlt werden. Das Wild wird dadurch geblendet und soll so daran gehindert werden, weiter in Richtung Straße zu laufen. Sie werden an Stellen, an denen erfahrungsgemäß häufig Wild über die Straße wechselt, befestigt und vom Jäger aus der eigenen Tasche bezahlt.

Die stetig wachsenden Maisanbauflächen in Deutschland sorgen zudem für einen unnatürlichen Anstieg der Wildschweinbestände. Waren es nach Angaben des Deutschen Maiskomitees zu Beginn des Jahrtausends noch etwa eineinhalb Millionen Hektar Mais, ist diese Zahl bis ins Jahr 2018 auf etwa 2,6 Millionen Hektar angestiegen. Grund dafür ist vor allem der gestiegene Bedarf an Mais, der zum Betreiben von Biogasanlagen benötigt wird. Die Sauen leben in den Maiswüsten wie im Schlaraffenland, können darin nur sehr schwer bejagt werden und vermehren sich dank dieses hervorragenden Nahrungsangebotes rasant. Hinzu kommen weitere Faktoren, wie zum Beispiel die milden Winter in den vergangenen Jahren.

Vor allem auch im Hinblick auf die Seuchengefahr, die derzeit vom Schwarzwild ausgeht, ist es wichtig, dieses zu bejagen. Die Afrikanische Schweinepest breitet sich, aus den östlichen EU-Ländern kommend, immer weiter auch in Richtung Deutschland aus (vor Drucklegung des Buches war sie noch wenige Kilometer von der deutschen Grenze entfernt). Die Seuche verläuft für Haus- und Wildschweine nahezu ausnahmslos tödlich. Auf den Menschen ist sie nicht übertragbar. In den afrikanischen Ursprungsländern wird die Afrikanische Schweinepest durch die Lederzecke übertragen. Diese hat hier in Mitteleuropa zwar nur eine untergeordnete Bedeutung, aber da die Krankheit hochansteckend ist, infizieren sich die Sauen untereinander über Speichel, Urin oder Blut. Auch Speiseabfälle, die mit dem Virus infiziert sind, bilden eine große Gefahr für die Schweine. Vor allem die Schweinezucht ist durch die Afrikanische Schweinepest gefährdet. Ist sie erst einmal bei einem Hausschwein im Stall nachgewiesen, droht dem Landwirt ein immenser wirtschaftlicher Schaden, da in diesem Fall alle Schweine des betroffenen Bestandes getötet und unschädlich beseitigt werden müssen.

Im Jagdjahr 2007/2008 wurden in Deutschland knapp 480 000 Wildschweine erlegt. Zehn Jahre später, im Jagdjahr 2017/2018, hat sich die Zahl mit etwa 836 000 nahezu verdoppelt. Das zeigen Statistiken des Deutschen Jagdverbandes. Neben dem Mais, in dem die Sauen beim Fressen großen Schaden verursachen, sind auch andere Getreide- und Gemüseflächen betroffen. Außerdem wühlt Schwarzwild auf der Suche nach Würmern und Engerlingen häufig die Wiesen um, was für die Landwirte einen erheblichen wirtschaftlichen Schaden bedeuten kann. Damit die Wildschweine nicht überhandnehmen, muss regulierend eingegriffen werden. Unsere Vorfahren haben Raubtiere, wie Wolf und Bär, bejagt und vertrieben, diese haben damals einen Großteil der Wildtiere der Natur entnommen, die heute der Jäger erlegt.

Für meine Mutter ist es besonders schwierig, zu verstehen beziehungsweise zu akzeptieren, weshalb ich den Jagdschein machen möchte. Jagd ist ihr sehr fremd und nicht ganz geheuer. Als wir noch Kinder waren, durften andere Kinder an Fasching als Cowboys mit Spielzeugrevolver am Gürtel losziehen. Unsere Mutter achtete stets darauf, dass wir uns zu etwas »Positivem« verkleideten, damit sie eine innerfamiliäre Diskussion umgehen konnte, weshalb auch wir einen Spielzeugrevolver bräuchten.

Der erste, laut ausgesprochene Gedanke meiner Mutter, als ich ihr erzähle, dass ich den Jagdschein machen möchte, ist: »Ohje, mein eigenes Kind wird mit einer Waffe Leben auslöschen!« Das bereitet ihr im ersten Moment Angst und Sorge und ist ihr fremd. »Deshalb habe ich auch nicht weiter darüber nachgedacht, dass die Jagd auch etwas Positives haben kann«, erzählt sie mir fast vier Jahre später. Das erste Mal, als ich spürte, dass sich die Einstellung gegenüber der Jagd im Umkreis meiner Freunde wandelte, war während eines Gesprächs mit einer guten Freundin, die zwar selbst mit der Jagd nichts zu tun hat, aber dennoch eine positive Einschätzung hatte: Sie äußerte ganz klar, es sei die fairste Art, Fleisch auf den Teller zu bekommen, indem das Wild selbst waidgerecht erlegt wird.

Da ich, nachdem ich den Jagdschein gegen Ende meines Studiums gemacht habe, kurzzeitig wieder bei meinen Eltern wohne, steht auch mein Gewehr, selbstverständlich sicher im Waffenschrank verwahrt, in ihrem Haus, was meiner Mutter zusätzlich Unbehagen bereitet. Sie verbindet Waffen unmittelbar mit Gewalttaten, über die immer wieder in den Medien berichtet wird. Nachdem sie mir das erklärt hat, kann ich ihre häufig unverhältnismäßigen Reaktionen, wenn die Sprache auf dieses Thema kommt, etwas besser nachvollziehen. Doch zu der Zeit, in der ich mir das Verständnis meiner Eltern wünschte, kurz nach der bestandenen Jägerprüfung, ist meine Mutter selbst noch dabei, sich mit dem Thema auseinanderzusetzen. Es fällt ihr deutlich schwer, ihre Bedenken mir gegenüber klar zu äußern, und zwischen uns kommt es unweigerlich immer wieder zu emotionalen Auseinandersetzungen.

Wer einer Leidenschaft folgt, erzählt auch gerne davon. Wenn ich auf Jagd bin, möchte ich im Anschluss daran berichten, was ich alles gesehen und erlebt habe. Doch jedes Mal werde ich aufs Neue enttäuscht. Ich habe das Gefühl, dass meine Eltern gar nichts mit der Sache zu tun haben wollen. Wenn ich früher von der Schule oder vom Reiten nach Hause kam, war ich es gewohnt, dass meine Eltern interessiert fragten, wie es war und was ich erlebt habe. Kehre ich dagegen heute von der Jagd zurück, bleiben diese interessierten Nachfragen aus. Ich platze dann förmlich aus mir heraus, weil ich das Erlebte, meine Eindrücke mit meinen Eltern teilen möchte. Doch ihre Reaktionen sind kaum spürbar. Ich habe das Gefühl, meine Eltern wollen nicht mit mir darüber reden.

Ein Blick in einen Waffenschrank. Flinten und Büchsen finden einen sicheren Platz, wenn sie gerade nicht gebraucht werden.

Vielleicht schockiert es sie, dass die eigene Tochter mit großer Begeisterung erzählt, dass sie gerade ein Reh erlegt hat? Vermutlich kommt es bei ihnen ja so an, als hätte ich Freude am Töten. Doch die Freude ist ganz anders zu begründen. Es ist vielmehr die Erleichterung darüber, dass die Jagd waidgerecht verlaufen ist, dass ich einen sicheren, unmittelbar tödlichen Schuss antragen konnte und dass der nächste wohlschmeckende Wildbraten für mich und meine Eltern gesichert ist. Ich weiß nur nicht, wie ich ihnen das erklären soll. Das geht mir Jungjägerin häufig durch den Kopf. Meist scheitert der Versuch, dieses emotional belastete Thema anzusprechen, daran, dass einer von uns sich missverstanden fühlt und sich enttäuscht zurückzieht. Das schmerzt jedes Mal sehr und so erzähle ich ihnen mit der Zeit immer weniger.

Erst zwei Jahre nachdem ich den Jagdschein habe, mittlerweile lebe ich in Rheinland-Pfalz und mache dort ein Volontariat zur Redakteurin bei den Magazinen »Deutsche Jagdzeitung« und »Jagen Weltweit«, bekomme ich einen überraschenden Anruf. Es ist kurz vor meinem Sommerurlaub, den ich bei meinen Eltern verbringen möchte. Am Telefon ist meine Mutter: »Sophia, du bist doch bald ein paar Tage bei uns. Kannst du mich einmal mit zur Jagd nehmen?« Ich glaube zunächst, nicht richtig gehört zu haben.

Als ich sie einige Zeit später frage, worin dieser plötzliche Sinneswandel begründet sei, antwortet sie mir: »Mir ist endlich klar geworden, welch große Leidenschaft du für die Jagd hegst. Nun möchte ich einmal miterleben, was genau dich am grünen Handwerk derart fasziniert.«

Diese Worte berühren mich sehr, und so ergreife ich sofort die Initiative und schreibe einem befreundeten Jäger, der ganz in der Nähe des Wohngebiets meiner Eltern ein Revier gepachtet hat. Er freut sich über meine Anfrage und lädt uns beide zum gemeinsamen Ansitz ein.

Der geplante gemeinsame Jagdtag rückt immer näher und meine Mutter ist spürbar aufgeregt. Dennoch bleibt sie bei ihrer Entscheidung und lässt sich nicht beirren. So treffen wir uns am besagten Tag um halb sieben abends im Revier des Jagdpächters. Er weiß über die Hintergründe genau Bescheid und begrüßt meine Mutter mit den Worten: »Frau Lorenzoni, Sie sollten wissen, wenn man insgeheim hofft, es möge nichts geschehen, genau dann wird etwas passieren!« Meine Mutter reagiert nur mit einem verlegenen Lächeln. Wir haben zuvor bereits darüber gesprochen, ob ich schießen dürfe, wenn ein passendes Tier, also eines, das sowohl nach den gesetzlichen als auch nach den waidmännischen Vorgaben erlegt werden darf, in Anblick kommen sollte. Sie sagt zwar, sie sei bereit, einer solchen Jagdsituation beizuwohnen, aber so ganz sicher scheint sie sich innerlich doch noch nicht zu sein. Ich werde abwarten und versichere ihr daher, dass ich nicht schieße, solange sie mir nicht ihr Einverständnis signalisiert.

Der Jagdpächter und ich sprechen uns daraufhin noch ab, wer auf welchen Hochsitz geht und wo wir uns nach der Jagd wieder treffen werden. Dann geht es auch schon los. Meine Mutter im weißen Shirt und mit der pinkfarbenen Lesebrille um den Hals, ich mit der geschulterten Waffe und dem Hut auf dem Kopf. Schon auf dem Weg zum Hochsitz macht sie mit ihrem Handy Bilder von der Kanzel, von den Bäumen rundherum und von mir, wie ich mit meiner Waffe auf dem Rücken die Leiter hochklettere. Zum Glück, denn es erinnert mich daran, ihr zu sagen, dass sie das Handy bitte auf lautlos stellen möge.

Die Leiter zur Kanzel hat insgesamt nur sechs Sprossen und die Bodenplatte der Kanzel befindet sich nur etwa zwei Meter über dem Boden. Ringsherum sind bis zu einer Höhe von ungefähr einem Meter Bretter befestigt, damit wir dahinter gut getarnt sind. Durch einen umlaufenden, etwa dreißig Zentimeter hohen offenen Bereich hindurch (daher wird diese Form der Ansitzeinrichtung auch offene Kanzel genannt) können wir das

Wild beobachten und ich kann dort die Waffe für den Schuss entsprechend positionieren.

Ich erkläre meiner Mutter, dass sie sich so wenig wie möglich bewegen soll, denn Rehwild sieht beziehungsweise äugt gut, wie es in der Jägersprache heißt. Wenn sie mir etwas zeigen möchte, dann soll sie das hinter der Hochsitzwand tun und nicht in Höhe des offenen Bereichs, da das Rehwild die Bewegung sonst wahrnehmen könnte. Denn auch wenn wir im Wald nichts sehen oder hören, heißt das nicht, dass sich nicht bereits Wild in den Büschen und Gräsern ringsum aufhält und uns wahrnimmt.

Meine Mutter hält das alte Fernglas ihres Vaters in der Hand, das er früher immer beim Wandern dabeihatte und das sie vor langer Zeit als Kind schon so oft in ihren Händen hielt. Ich habe ein neueres Glas, das vor allem in der Nacht und bei Dämmerung wesentlich lichtstärker ist. Wie bei so vielem hat sich auch bei der Technik der Gläser etliches verbessert. Um die Situation etwas aufzulockern, machen wir leise noch ein paar obligatorische Selfies. Dafür setze ich meiner Mutter meinen grünen Jagdhut auf, im Hintergrund das helle Holz des Hochsitzes. Dann kommen wir zur Ruhe. Vor uns die kleine Freifläche mit dem moosgrünen Boden, rundherum Brombeeren, dadurch bleibt es für uns ein Geheimnis, ob Wild in der Nähe ist oder nicht. Wir könnten es höchstens hören. Auch deshalb ist es wichtig, auf dem Hochsitz ganz leise zu sein, um jedes noch so kleine Geräusch wahrnehmen zu können.

Meine Mutter nimmt immer wieder das Fernglas hoch und prüft, ob sie etwas entdecken kann. »Nur eine Amsel«, sagt sie leise und klingt fast ein bisschen enttäuscht. Das Vögelchen raschelt noch eine Weile weiter im Laub und aus den Wipfeln

Zeit für die Ansitzjagd – sich eins fühlen mit der Natur und gleichzeitig zu sich finden. Eine wunderbare Synergie!

der Bäume erklingt ein sanft anschwellendes Abendkonzert. An die Rückwand des Sitzes gelehnt, genieße ich diese unbeschreibliche innere Ruhe, die mich mehr und mehr erfüllt. Wir hören nur noch das Gezwitscher der Vögel und ab und zu das Rascheln einer Maus, die durch das Laub flitzt.

Nach einer halben Stunde wispert meine Mutter: »Jetzt könnte dann aber langsam mal etwas kommen.« Tja, das ist Jagd! Der Jäger weiß nie, ob und was auf ihn zukommt und was passieren wird. Jetzt scheint meine Mutter begriffen zu haben, dass Jagd nicht nur schießen bedeutet, sondern dass auch eine große Portion Geduld und Ausdauer dazugehört. Ich bin froh, dass sie endlich einmal hautnah dabei ist.

Plötzlich sehe ich einen grauroten Fleck aus dem Dickicht herausziehen. Ein Reh! Vorsichtig versuche ich meine Mutter mit Blicken darauf aufmerksam zu machen. Ich gebe ihr zu verstehen, dass sie sich ganz ruhig verhalten soll. Doch als sie das

Reh sieht, flüstert sie leise, aber doch hektisch, ja fast flehend: »Nicht schießen!« Ich hatte mich darauf eingestellt, dass es so kommen würde, und schaue erst einmal durch mein Fernglas.

Es ist ein Bock. »Der muss uralt sein«, denke ich. Er ist an manchen Stellen ganz grau, so als besäße er noch einen Teil seines Winterfells. Da es aber bereits Juli ist, müsste er längst sein Sommerkleid tragen und demnach ganz rot sein. Junge Rehe beginnen schon Ende April mit dem Fellwechsel. Ältere brauchen etwas länger. Deshalb denke ich, dass es sich um einen alten Bock handeln müsse. Auch das Gehörn sieht stark und kräftig aus, so als wenn er schon älter wäre. In den nächsten Jahren werde ich noch lernen, dass genau darauf überhaupt kein Verlass ist.

Ich denke, dass dieser Bock entweder schon sehr alt ist oder etwas mit dem Stoffwechsel nicht in Ordnung ist, sonst müsste er längst sein rotes Sommerkleid tragen. Diese Gründe sprechen klar dafür, ihn zu erlegen. Doch die Waffe bleibt erst einmal unten, um meine Mutter nicht vorzeitig zu beunruhigen. Sie entscheidet schließlich, ob ich schieße oder nicht, so hatten wir es vereinbart. Mein Herz schlägt mir bis zum Hals. Das spürt natürlich auch meine Mutter. Ich habe unbeschreibliches Jagdfieber. Wie vor jedem Schuss geht es auch in diesem Moment wieder genau darum, diese eine Entscheidung zu fällen, die über Leben und Tod entscheidet, kombiniert mit der Anforderung an mich selbst, einen absolut sicheren Schuss anzutragen. Mit Sicherheit rührt Jagdfieber aber auch daher, dass das Jagen aus Urzeiten unmittelbar mit dem Überleben zusammenhängt. Ein erlegtes Tier bedeutete damals überlebenswichtige Nahrung. Plötzlich sehe ich im Augenwinkel, wie meine Mutter sich die Ohren zuhält. Für mich ist es das Zeichen: »Ich bin bereit, du kannst schießen.«

Ruhig und besonnen nehme ich die Waffe hoch. Doch der Bock steht so, dass ich ihn mit einem Schuss zwar tödlich treffen würde, dabei aber wertvolles Wildbret zerschießen würde. Er steht spitz auf uns zu, das heißt, wir schauen direkt von vorn auf seinen Körper und nicht von der Seite. Geschlagene zwanzig Minuten steht er so. Mal dreht er sich ein wenig nach links, dann wieder nach rechts, aber nie steht er wirklich richtig. Meine Mutter hält sich die gesamte Zeit die Ohren zu und ich schaue hoch konzentriert, den Bock unaufhörlich im Blick, durchs Zielfernrohr.

Dann endlich tut er uns den Gefallen und stellt sich breit hin, sodass ich sicher direkt hinter sein Schulterblatt zielen kann. Mit diesem Schuss werde ich die Lunge treffen und der Wildbretverlust wäre minimal. Ich konzentriere mich, mein Blick ruht auf dem Wildkörper und plötzlich werde ich ganz ruhig. Alles um mich herum scheint wie erstarrt. Für einen kurzen Moment vergesse ich sogar, dass meine Mutter neben mir sitzt. Ich hole noch einmal ganz bewusst Luft, und als das Fadenkreuz ruhig hinter dem Schulterblatt steht, atme ich langsam ganz tief aus, während ich, innerlich völlig versammelt, den Abzug betätige.

Rums, die Kugel verlässt den Lauf. Zeitgleich verlässt eine Träne das Auge meiner Mutter. Ganz leise kullert sie über ihre Wange. »Schieß noch mal, der ist sicher noch nicht tot!«, sagt sie. Der Bock brach zwar auf den Schuss hin an Ort und Stelle zusammen, er liegt im Knall, wie es in der Jägersprache heißt. Da er noch kurz mit den Läufen schlegelt, antworte ich meiner Mutter rasch: »Ich bin gut abgekommen, der Bock ist tödlich getroffen und hat sicher nicht einmal mehr den Schuss gehört. Dass sich seine Läufe jetzt noch bewegen, ist normal, so wie ein geschlachtetes Huhn ohne Kopf auch noch ein paar Meter rennen kann, obwohl es eigentlich längst tot ist.« Das Zucken in den Läufen des Bockes ebbt ab, bis es schließlich ganz aufhört.

Meine Mutter möchte sofort vom Hochsitz herunter. Wo will sie wohl hin? Die Antwort darauf erhalte ich erst einen Tag später: »Ich wollte einfach nur weg. Trotz aller Vorbereitung war ich sehr ergriffen von diesem Moment.« Mit einem Mal wurde ihr klar, dass ich tatsächlich kein Kind mehr bin und hier im Wald die Entscheidungen treffe. Dies wirft ein ganz neues Bild auf unsere Mutter-Tochter-Beziehung.

Bevor sie die Leiter hinunterklettern kann, bitte ich sie, gemeinsam mit mir nun noch einen Moment Ruhe einkehren zu lassen und zu warten, bis alles Leben aus dem Bock gewichen ist. Ich erkläre ihr, dass und auch warum Jäger in einer solchen Situation einige Zeit innehalten. Sie nickt und setzt sich wieder hin, während wir Ruhe einkehren lassen, informiere ich den Pächter per Handy über den Schuss.

Etwa fünfzehn Minuten später baumen meine Mutter und ich schließlich ab. Meine Mutter möchte sofort zum Auto zurück. »Und der Bock? Sollen wir den etwa einfach hier liegen lassen?«, frage ich sie etwas provokant. Sie dreht sich zu mir um und schaut mich mit einem fragenden Blick an. Dann kommt sie zurück.

»Was machen wir denn nun mit dem?«, fragt sie mich mit zitternder Stimme. Ich glaube, sie fürchtet sich vor dem Anblick des toten Tieres. »Wir erweisen dem Bock noch die letzte Ehre. Er erhält den letzten Bissen und ich meinen Erlegerbruch«, erkläre ich ihr. Insgeheim bin ich stolz auf meine Mutter, die doch bis zu dieser Minute so tapfer war. Wenn sie das jetzt auch noch schafft, würde ich mich sehr freuen.

Bock liegt! Mit dem letzten Bissen erweist der Jäger dem erlegten Wild die letzte Ehre.

Wie immer, wenn ich etwas erlegt habe, breche ich zwei Fichtenzweige ab und lege einen davon quer in den Äser des Bockes. Dann benetze ich den zweiten Zweig mit etwas Schweiß vom erlegten Rehbock und stecke ihn an die rechte Seite meines Hutes. Erstaunt höre ich meine Mutter ein zögerliches »Waidmannsheil« aussprechen und antworte ihr glücklich mit »Waidmannsdank«.

Der inzwischen eingetroffene Jagdherr blickt meine Mutter erwartungsvoll an und sagt: »Sehen Sie, Frau Lorenzoni, hab ich es Ihnen nicht gesagt?« Dann kniet er sich neben den Bock, um ihn genauer in Augenschein zu nehmen.

»Das ist der, den ich immer auf der Wildkamera hatte, aber er ist doch jünger, als ich dachte.« »Puuuh, dann hat sich wohl auch der alte Hase getäuscht«, denke ich insgeheim. Denn der Bock ist tatsächlich höchstens drei Jahre alt. Das erkennen wir am Abschliff der Zähne. Die Altersbestimmung von Rehböcken ist eine Philosophie für sich. Viele Jäger freuen sich, wenn sie das präparierte und aufgesetzte Gehörn als Erinnerung an ihr Jagderlebnis zu Hause an die Wand hängen können. Und je stärker die Trophäe ist, desto mehr macht sie natürlich her. Durchschnittlich im Alter von drei und sieben Jahren schieben Rehböcke hier in unseren Breitengraden ihr stärkstes Gehörn, wobei dies allerdings keine in Stein gemeißelte Angabe ist – zu viele Faktoren, die ich hier nicht alle aufzählen kann, haben Einfluss auf das Gehörnwachstum, sodass sich das Alter eines Rehbocks letztendlich nicht eindeutig daran festmachen lässt.

Ein Jährling hingegen hat in der Regel nur Spieße oder Gabeln auf – was so viel wie auf dem Kopf tragen bedeutet –, die an der Wand weniger imposant aussehen. Es gibt aber auch Jäger, die sagen: »Der Rehbraten schmeckt, egal, wie die Stangen sind.« Damit haben sie einerseits recht. Andererseits ist es in den meisten Revieren aber noch immer so, dass Alter und Gehörn durchaus eine ausschlaggebende Rolle spielen. Da sich der Jagdpächter hinsichtlich des Alters jedoch selbst getäuscht hat und verhältnismäßig wenig Wert auf die Trophäe legt, scheint heute alles richtig verlaufen zu sein. Bei einem anderen Jagdherrn hätte es sein können, dass ich eine spitze Bemerkung wie etwa: »Der hätte aber auch noch ein paar Jährchen älter werden können« zu hören bekommen hätte. Selbstverständlich sagt das Gehörn einiges über das Rehwild aus. Gehäuftes Auftreten von Böcken mit nur kleinen Spießchen ist in der Regel auf einen zu hohen Wildbestand zurückzuführen. Überspitzt gesagt, das

Nahrungsangebot ist nicht ausreichend. Hinzu kommen allerdings auch Ruhestörungen durch menschliche Sport- und Freizeitaktivitäten im Wald, Parasitenbefall oder der frühzeitige Verlust der Mutter. In solchen Fällen muss der Jäger nicht lange überlegen, ob das Tier entnommen werden sollte. Bei dem Bock, den ich gemeinsam mit meiner Mutter erlegt habe, ist das Gehörn in einwandfreiem Zustand, jedoch das Fell zeigt untypische Veränderungen. Deshalb ist in erster Linie immer nach der körperlichen Verfassung und nicht nach der Trophäe zu schauen.

Nach Aufnahme des obligatorischen Erinnerungsfotos an diesen von Erfolg gekrönten Jagdtag gebe ich meiner Mutter den Autoschlüssel und schicke sie schon einmal vor. »Ich helfe noch kurz, den Bock aufzuladen, dann fahre ich dich nach Hause und düse anschließend allein zur Wildkammer«, sage ich zu ihr. Sie war heute wirklich tapfer genug. Beim Aufbrechen muss sie nun wahrlich nicht mehr dabei sein.

Gesagt, getan: Ich setze meine Mutter zu Hause ab und fahre weiter zur Wildkammer, vor der bereits der Pächter wartet. Den Bock hat er bereits aus dem Auto geladen. Mittlerweile bin ich recht routiniert im Aufbrechen und mache mich an die rote Arbeit, also an das Aufbrechen des Tieres. Leber, Nieren und Herz packe ich in einen Gefrierbeutel – das wird morgen mein Mittagessen –, und nachdem ich mich bei dem Jagdpächter noch einmal ausgiebig bedankt habe, fahre ich nach Hause. Den Bock kaufe ich dem Jagdherrn ab. Sechs Euro bezahle ich pro Kilo – komplett mit Haupt (so wird der Kopf in der Jägersprache genannt), Läufen und Fell gewogen. Das Wild gehört nämlich grundsätzlich demjenigen, der durch Abschluss eines Jagdpachtvertrags die Berechtigung hat, auf dem jeweiligen Grund

und Boden das Jagdrecht auszuüben, nicht dem Erleger (es sei denn natürlich, Jagdpächter und Erleger sind ein und dieselbe Person). Drei Tage später werde ich noch einmal zur Wildkammer fahren – das Fleisch konnte dann in der Zwischenzeit reifen – und den Bock zerwirken, das heißt, ich werde dann sein Wildbret küchenfertig zerteilen.

Meine Mutter ist bereits im Bett, als ich zwei Stunden später müde nach Hause komme, aber mein Vater ist noch auf und erzählt mir, wie begeistert sie ihm vom heutigen Tag berichtet hat. Später entdecke ich, dass meine Mutter unser Hochsitz-Selfie als Profilbild auf WhatsApp eingestellt hat, und in ihrem Status sind Reh, Baum und Laub zu sehen. Warum ich auf die

Mutter und Tochter sitzen das erste Mal gemeinsam auf einem Hochsitz. Die anfängliche Skepsis ist verflogen.

Jagd gehe, muss ich ihr wohl nie wieder erklären. Zufrieden gehe ich zu Bett. Ich bin überglücklich, dass meine Mutter endlich Verständnis für meine Passion zu haben scheint. Und ich glaube auch, sie ist ein wenig stolz auf sich und erfüllt von dem, was sie heute erlebt hat. Das Profilbild zeigt mir, dass sie sich dazu bekennt und sich nicht scheut, dieses Erlebnis mit Freunden und der Familie zu teilen. Im Gegenteil, sie scheint so begeistert, dass sie möglichst viele daran teilhaben lassen möchte. Ich bin erleichtert, dass der Tag so gut verlaufen ist, und ich bin sehr stolz auf meine Mutter, dass sie so tapfer war und mir die Chance gegeben hat, ihr das Abenteuer Jagd durch dieses persönliche, gemeinsame Erlebnis nahezubringen.

Waidmanns-**sprache**

»Moin, Andrea, habt ihr gestern Abend auch das Reh schrecken hören?«, frage ich meine Vermieterin eines schönen Aprilmorgens. »Bitte, was hat das Reh?«, antwortet sie und schaut mich fragend an. Natürlich, schrecken, woher soll sie das auch wissen? Ich erkläre ihr, dass damit der Laut von Rehen bezeichnet wird, den sie äußern, wenn sie sich erschrecken oder beunruhigt werden. Es ist eine Art heißeres Bellen, das sie je nach Anlass und Dauer der Beunruhigung unterschiedlich lange von sich geben. Dann erzähle ich weiter: »Als ich in den Garten ging, hörte ich das Reh hinter dem Haus und pirschte mich vorsichtig in Richtung des Tieres. Als es mich bemerkte, verhoffte es und äugte in meine Richtung.«

»Sorry, Sophia, aber ich verstehe wieder einmal nur Bahnhof. Kannst du bitte Deutsch mit mir sprechen?« Und schon wieder habe ich vergessen, dass ich mich mit einer Nichtjägerin unterhalte. Die Jägersprache ist eine ganz eigene Sprache – mit zahlreichen, oft komisch oder zumindest ungewohnt klingenden Vokabeln. Häufig passiert es mir, dass ich jagdsprachliche Begriffe in Gesprächen mit Nichtjägern verwende und damit für Verwirrung beziehungsweise Unklarheit sorge. Ich erkläre Andrea, dass mit Pirschen das vorsichtige Heranschleichen des Jägers an das Wild gemeint ist, mit der Absicht, möglichst nahe an das Wild heranzukommen, ohne dass es ihn bemerkt.

Mit Verhoffen meint der Jäger, dass ein Tier plötzlich stehen bleibt, um zu lauschen oder zu wittern, also um die Umgebung aufmerksam auf mögliche Gefahren hin zu prüfen. Und mit

Äugen ist das Sehen gemeint. Auf »Deutsch« übersetzt: »Das Reh hat mich bemerkt, blieb stehen und sah mich an.« Meine Vermieterin lacht und sagt: »Wieso nicht gleich so?« Dann erzählt sie, dass sie das Reh schon öfter hier gesehen habe und es die ganzen Pflanzen der Nachbarn anknabbern würde.

Ich wundere mich, denn auf dem Nachbargrundstück sind fast nur Lebensbäume, sogenannte Thujen, angepflanzt. Soweit ich weiß, ist Thuja giftig und wird deshalb von Wildtieren instinktiv gemieden. Aber vielleicht täusche ich mich ja auch. Andrea zeigt mir die Stellen an der Thuja, die der Bock (wie sich gleich herausstellen wird, handelt es sich nämlich um ein männliches Tier) angeblich abgeknabbert haben soll. Als ich sehe, dass die feinen Triebe an den Ästen der Thujen noch völlig unberührt sind, wird mir schlagartig klar, dass es sich um einen Bock gehandelt haben muss, der sich hier zu schaffen gemacht hat. Die Rinde der Thujen ist nämlich stark in Mitleidenschaft gezogen. Sie sieht so aus, als wenn sie großflächig abgekratzt worden wäre, und da Rehwild, im Gegensatz zu Rotwild, grundsätzlich keine Rinde abfrisst, jagdsprachlich schält, kann es nur sein, dass hier ein Rehbock sein Gehörn verfegt hat.

»Rehwild gehört zu den Cerviden«, erkläre ich ihr. »Das heißt, dass das Gehörn einmal im Jahr abgeworfen wird und später wieder komplett nachwächst. Rehböcke – so heißen die männlichen Rehe, nicht zu verwechseln mit dem um ein Vielfaches größeren Hirsch – werfen ihr Gehörn ab Oktober (ältere Böcke) beziehungsweise Dezember (junge Böcke) ab. Auch beim Fegen sind junge Böcke meist später dran, erst im Mai oder sogar Anfang Juni, während ältere Böcke bereits im März zu fegen beginnen. Dafür werfen junge Rehe früher ihr Winterkleid ab. Während manche Jährlinge am ersten Mai bereits das rote Sommerkleid tragen, haben die älteren Tiere noch die graue dichte Winterdecke. Im Herbst ist es umgekehrt. Während die älteren Tiere im September bereits wieder im Fellwechsel sind, lassen sich die jungen noch etwas Zeit.

Nachdem ein Bock abgeworfen hat, bildet sich sofort ein neues Gehörn. Während des Wachstums befindet sich rund um das Gehörn eine stark durchblutete, von Nerven versorgte, samtartig behaarte Haut, die sich Bast nennt. Sobald das Gehörn fertig entwickelt ist und nicht mehr weiterwächst – je nach Alter des Bockes etwa zwischen März und Juni –, beginnt diese Basthaut abzusterben und stark zu jucken und der Bock versucht diese Haut durch Reiben an Bäumen und Sträuchern loszuwerden. Dies wird in der Waidmannssprache das Fegen des Rehbocks genannt. Ist der Bast vollständig entfernt, kommt darunter das für dieses Jahr voll entwickelte Gehörn zum Vorschein, dessen Gehörnstangen in jedem Jahr etwas anders aussehen. Die Dicke, die Länge und die Struktur der Stangen werden neben der Genetik auch vom Nahrungsangebot und von der jeweils herrschenden Witterung beeinflusst.

Durch das Fegen seines Gehörns schädigt der Bock die Rinde der Bäume und Sträucher und durch den Verbiss, also das Abfressen, deren junge Triebe und Zweige, was meist zu einer nachhaltigen Wachstumsstörung der Pflanze führt. Ein Bock macht das aber nicht nur, um den juckenden Bast loszuwerden, sondern auch, um seinen Einstand, sein Revier, zu markieren. Rehböcke haben nämlich am Kopf ein Drüsenfeld mit mehreren Drüsen. Zwischen den Gehörnstangen befindet sich die sogenannte Stirnlocke. Diese Drüse bildet, wie auch die anderen, ein Sekret, das die Böcke innerhalb ihrer Territorien an Bäumen und Sträuchern oder auf dem Waldboden verteilen, um so Duftmarken zu setzen. In der Waidmannssprache wird dies als Stirnlocken-Reiben bezeichnet.«

Gespannt hört mir meine Vermieterin zu, als ich ihr das alles ausführlich erkläre. Als in dem Moment ihr Freund von der Arbeit nach Hause kommt, erzählt sie ihm ganz begeistert, was sie gerade alles erfahren hat. Dabei wird mir wieder einmal klar, wie verrückt sich das alles für Nichtjäger anhören muss. Denn sie erzählt ihm: »Du, Schatz, das Reh bei unseren Nachbarn, das hat da nicht geknabbert, das hat gekehrt.« Als sie mich lachen hört, merkt sie, dass sie irgendetwas falsch ausgedrückt haben muss. Fegen und Kehren sind zwar in unserem alltäglichen Deutsch Synonyme, nicht aber in der Jägersprache.

Ein Rehbock verfegt sein Gehörn an einem Ginsterbusch. Das Fegen dient auch dazu, über Duftmarken sein Revier zu markieren.

Die beiden fallen in mein Gelächter ein und Andrea betont: »Schon allein deshalb könnte ich nie den Jagdschein machen. Das kapiert ja kein Mensch …«

Sie hat recht, auch ich habe mich anfangs mit der Waidmannssprache sehr schwergetan, und auch heute noch gibt es Momente, in denen ich nicht ganz sicher bin, wie die richtige Bezeichnung lautet. Und obwohl es vor allem unter den jüngeren Jägern hier und da diskutiert wird, wozu es diese Sprache eigentlich überhaupt noch gibt und dass sie im Grunde abgeschafft werden könnte, empfinde ich sie als etwas Schönes und Besonderes. Mir gefällt es, wenn ein Handwerk, und die Jagd ist tatsächlich ein Handwerk, sich durch seine eigene Sprache auszeichnet und dadurch zu etwas Einzigartigem wird. Außerdem gibt es auch Begriffe, für die es gar kein für Laien verständliches Synonym gibt und die somit immer umständlich umschrieben werden müssten. Wildfolge zum Beispiel. Damit wird die Situation bezeichnet, in der in einem Revier ein Tier angeschossen wird, dieses abspringt und dabei die Reviergrenze überquert, sodass es nicht unmittelbar erlöst werden kann. Denn ein Jäger darf nicht ohne Genehmigung des Pächters mit der Waffe ein fremdes Revier betreten, das wäre jagdrechtlich, also laut gesetzlicher Wildfolge, als Wilderei einzustufen. Gibt es allerdings eine Wildfolgevereinbarung, darf der Schütze im Sinne des Tierschutzes dem Wild über die Grenze folgen und es erlösen.

Für Leute, die keine Berührungspunkte mit der Jagd haben, ist die Waidmannssprache natürlich noch viel schwerer zu verstehen: So richte ich mich eines Abends gerade auf dem Hochsitz ein, als meine Freundin Sarah anruft. Damit das Wild mich nicht mitbekommt, drücke ich ihren Anruf sofort weg und antworte ihr sofort per WhatsApp: »Bin auf der Jagd, melde mich später beziehungsweise morgen. Liebe Grüße«. Von ihr kommt nur die kurze Antwort: »Oh, Waldmannsheil!«

Ich muss lachen. Klar sitzen wir Jäger viel im Wald. Deshalb sind wir aber noch lange keine Waldmänner. Wir sind Waidmänner und üben das Waidwerk aus. Überall in der Jägersprache taucht dieses »Waid…« auf. Waidwerk, wieder so ein für viele Nichtjäger seltsam anmutender Begriff, der für uns Jäger jedoch etwas ganz Alltägliches darstellt. Wir werden Waidmänner und Waidfrauen genannt und streben danach, im Umgang mit dem Wild stets waidmännisch zu handeln. Umgangssprachlich übersetzt bedeutet das so viel wie: fair, achtsam und tierschutzgerecht zu agieren. Wir achten das Wild und können es ebenso wenig leiden sehen wie jeder andere auch. Deshalb handeln wir waidmännisch.

Auf der Suche nach dem Ursprung des Begriffs finden sich verschiedene Ansätze. Allerdings sind sich die unterschiedlichen Quellen einig, dass er von dem althochdeutschen Wort »weida«, wohl im Neuhochdeutschen »Weide«, abstammt. Dieses Wort hat eine lange Entwicklung hinter sich. Zum Beispiel hat es die wörtliche Bedeutung »Grasland«, daher kommt vermutlich auch der Begriff »Kühe weiden«. Und auch in der Pflanzenwelt ist bekanntlich die Weide zu finden. Außerdem geht das Wort »Weide« auch auf die Wurzel zurück. Auch im Wort »Eingeweide« finden wir es wieder. Hier liegt die Herleitung für weid- beziehungsweise waidwund recht nah. Hat ein Jäger ein Tier waidwund getroffen, traf der Schuss in den Magen- und/oder Darmbereich, das heißt, das Tier ist nicht sofort tödlich getroffen worden und ist in aller Regel flüchtig. Waidwund geschossenes Wild muss unbedingt nachgesucht werden, um es schnellstmöglich erlösen zu können. Ein weiteres Beispiel: Der After des Wildes und auch des Jagdhundes nennt sich Waidloch. Und so ließen sich noch viele weitere Begriffe aufzählen. Als ich Sarah am nächsten Tag anrufe, muss sie selbst über ihren Fehler lachen und wünscht mir seither richtig »Waidmannsheil«.

Beim Wild selbst gibt es außerdem verschiedenste Bezeichnungen für die Körperteile der unterschiedlichen Wildarten. Die bekannteste wird wohl der Löffel sein. Die Löffel sind die Ohren des Hasen. Bei allem Schalenwild, das sind die Wildarten, die wie Paarhufer auf sogenannten Schalen laufen, wie zum Beispiel Rehwild, sind dies die Lauscher – mit Ausnahme des Schwarzwilds, da werden die Ohren Teller genannt.

Nun ist es gang und gäbe, dass einem Kind, das in einem Jägerhaushalt aufwächst, diese Begriffe in Fleisch und Blut übergehen, und so werden sie meist auch schon früh abgefragt. Mein Großcousin Simon ist etwa zwei Jahre alt, als ihm seine jagenden Eltern beibringen, wie die Ohren bei den verschiedenen Wildarten bezeichnet werden. Genau zu dieser Zeit bekommt er einen kleinen Bruder, Paul. Als er das Neugeborene so in seinem Bettchen liegen sieht, fragt er seine Eltern: »Und wie heißen die Ohren vom Pauli?« Für den Zweijährigen war es nicht ganz nachvollziehbar, weshalb jede Wildart eine eigene Bezeichnung für die Ohren hat, sein Bruder Paul aber nicht.

Selbst die Bezeichnungen innerhalb der Wildarten sind unterschiedlich. Mutter Wildschwein wird Bache genannt, ihr Nachwuchs sind die Frischlinge, auch Frösche genannt. Ab dem Alter von einem Jahr werden diese Überläufer genannt. Der borstige Vater nennt sich Keiler. Er trägt mit Stolz seine Waffen, auch als Gewaff bezeichnet, das sind die Eckzähne, die links und rechts aus seinem Kiefer wachsen. Seine eindrucksvollen Hoden heißen Klötze oder Steine. Anstatt des rosa Ringelschwänzchens des Hausschweins trägt eine Wildsau einen Pürzel. Mit Wurf oder Scheibe meint der Jäger die Nase der Sau.

Das weibliche Reh ist die Ricke oder Geiß, sie bekommt im Mai ein bis drei Kitze, die im zweiten Lebensjahr zu Jährlingen, genauer Jährlingsböcken beziehungsweise Schmalrehen werden. Vater Reh ist der Bock oder Rehbock, präziser bezeichnen ihn Jäger nach der Art seines Gehörns. Der Sechser hat also sechs Enden beziehungsweise Sprossen. Hat ein Bock auf der einen Seite drei und auf der anderen Seite zwei Enden, so wird er nicht Fünfer, sondern ungerader Sechser genannt. Ein Gabler hat, wie der Name schon verrät, eine Gabelung pro Stange, also je zwei Enden. Und ein Spießer? Na, was wohl? Der hat einfach nur zwei Spießchen, also zwei kleine Stangen. Gelegentlich gibt es auch Sonderformen der Geweihbildung, die häufig von Verletzungen herrühren. Ein Perückenbock hat zum Beispiel keine Stangen, sondern eine Art »Turmfrisur«, die nicht aufhört zu wuchern. Dies wird durch Hodenverletzungen oder -krankheiten, die die Ausschüttung von Testosteron unmöglich machen, verursacht. Die Perücke wächst über das gesamte Haupt und kann den Bock stark in seiner Lebensweise einschränken. Weitere Abnormitäten sind zum Beispiel eine Pendelstange, wenn die Stange nicht gen Himmel, sondern nach unten gerichtet ist, oder eine Mehrstangigkeit, wenn ein Bock mehr als nur die gewöhnlichen zwei Stangen hat.

Die Mannespracht zeigt sich beim Rehbock unter der Bauchlinie gut erkennbar am Pinsel, seine Hoden sind die sogenannten Brunftkugeln.

Die Abwurfstange eines Rothirschs. Einmal im Jahr werfen Hirsche ihr Geweih ab und bilden ein neues aus.

Der König des Waldes ist ganz klar der Rothirsch. Sein prächtiges Geweih, das im Lauf seines Lebens immer mächtiger wird, verleiht ihm sein imposantes Äußeres. Ähnlich wie der Rehbock wirft auch er einmal im Jahr sein Geweih ab. Das geschieht in den Monaten zwischen Februar und April, abhängig vom Alter des jeweiligen Hirsches. Etwa viereinhalb Monate später, also im Zeitraum zwischen Juni und August, hat der Hirsch sein mächtiges Geweih wieder komplett entwickelt und beginnt, wie der Rehbock auch, zu fegen, um die Bastschicht, die das Geweih umschließt, abzustreifen. Während der Paarungszeit im Herbst, der Brunft, ruft er mit gewaltiger Stimme das Kahlwild. So werden das weibliche Rotwild und die Kälber genannt. Kälber wie bei der Kuh? Ganz genau, Tierkalb oder auch Wildkalb heißt der weibliche Nachwuchs und Hirschkalb der männliche. Ab einem Jahr werden sie zu Schmaltier und Schmalspießer. Der weibliche Gegenpart des Hirsches wird als Rot- oder Alttier bezeichnet.

Für den Fuchs, auch Rotrock oder Reineke genannt, werden ähnliche Begriffe, wie wir sie von unserem Haustier Hund kennen, verwandt. Das männliche Tier nennt sich Rüde, der Nachwuchs sind die Welpen. Der weibliche Fuchs heißt jedoch nicht Hündin, sondern Fähe. Die Bezeichnungen Rüde, Fähe und Welpen werden auch beim Dachs verwandt. Der Dachs wird auch Grimbart oder Schmalzmann genannt. Letzteres beruht darauf, dass sein Fett sehr vielfältig eingesetzt werden kann. Schon im Mittelalter kannte man die medizinische Bedeutung des Dachsfettes. Man ließ das Fett aus und setzte es als Mittel gegen schmerzende Gelenke, aber auch bei Hautproblemen ein, auch innerlich eingenommen soll es stoffwechselfördernde Wirkung besitzen. Überlagertes Dachsfett fand häufig bei der Lederpflege von Stiefeln und Sätteln Verwendung. Und selbst bei ihren Nutztieren wandten die Bauern das Dachsfett an, beispielsweise als pflegende Salbe bei wunden Kuheutern. Dachsfett enthält wertvolles Cortisol, dieser natürliche Bestandteil, der vor allem Entzündungen abklingen lässt, ist ansonsten nur noch vom Murmeltier zu gewinnen.

Meister Lampe kennen viele aus etlichen Märchen und Sagen. Seine weiße Blume – das fluffige Bommelchen am Hintern – verrät den Hasen gerne, wenn er ansonsten gut getarnt flach in der Sasse liegt. So heißt sein Bett in der Ackerfurche.

Auch das Synonym für Jagdhunde ist nicht Vierbeiner, sondern Vierläufer, denn ein Hund hat in der Waidmannssprache keine Beine, sondern Läufe. Seine Ohren sind die Behänge und der Schwanz ist die Rute. Die Liste der jagdlichen Begriffe ist ewig lang. Wer noch mehr darüber wissen möchte, der nehme am besten ein Jagdlexikon zur Hand. Darin lassen sich die verschiedensten waidmännischen Ausdrücke nachschlagen und man lernt so etliche interessante Zusammenhänge, die zum Teil auch für den »normalen« Alltag Geltung haben, kennen. Bei der im 18. Jahrhundert in Deutschland weitverbreiteten Lappjagd etwa wurden bei der Jagd in bestimmte Richtungen Lappen aufgehängt, damit das Wild dorthin nicht flüchten konnte. Schaffte es das Wild doch, so war es »durch die Lappen gegangen«. Als »naseweis« wurde früher ein Jagdhund bezeichnet, der eine gute Nase hatte und die Fährte hielt. Etwa im 16. Jahrhundert bekam das Adjektiv eine neue Bedeutung, seither steht es für einen vorwitzigen Menschen.

Was nun aber noch für das Gesamtverständnis wichtig ist, ist die Unterscheidung zwischen Ansitzjagd, Drückjagd und Pirsch. Es gibt noch viele weitere Jagdarten, die ich persönlich allerdings nur selten oder gar nicht ausübe. Dazu gehört zum Beispiel das Frettieren. Dabei werden Kaninchen bejagt. Ein Frettchen wird an einem Eingang zu einem Kaninchenbau angesetzt. Es verschwindet dann dort hinein und soll das oder die Karnickel heraustreiben. Außen warten dann die Jäger mit ihren Flinten und erlegen das Kaninchen oder es wird mit einem Greifvogel, zum Beispiel einem Habicht, gejagt, der das Kaninchen fängt, jagdsprachlich bindet. Diese Jagdart ist für mich vor allem deshalb nicht von Belang, weil bei uns nur wenige Kaninchen in unmittelbarer Nähe vorkommen.

Die Ansitzjagd ist mir persönlich, neben der Pirsch, die liebste Art zu jagen. Bevor es zum Ansitz geht, muss sich der Jäger genau überlegen, auf was er ansitzen möchte, das heißt also, welche Art Wild zum Beispiel aufgrund der Jagdzeitregelung überhaupt infrage kommt (diese ist ja zudem von Bundesland zu Bundesland unterschiedlich). Dementsprechend wählt er Platz und möglicherweise auch Uhrzeit für die Jagd, denn je nach Jahreszeit tritt die Dämmerung bekanntlich zu unterschiedlichen Tageszeiten ein und das hat wiederum einen großen Einfluss auf die Tiere.

Nehmen wir als Beispiel den Rehwildansitz. In der Regel werden Rehe im Morgengrauen oder in der Abenddämmerung bejagt. Entsprechend dem Wetter wähle ich einen Hochsitz, auf dem mir der Wind von vorn entgegenweht. Würde er von hinten kommen, würde er meinen Duft direkt zum Wild tragen. Natürlich versuche ich einen Sitz zu wählen, an dem mit hoher Wahrscheinlichkeit auch Rehe zu erwarten sind. Entweder weil ich dort schon häufig Rehe gesehen habe, da ich Pirschzeichen, wie zum Beispiel Trittsiegel, also Fußabdrücke, vorgefunden habe, oder weil eine Wildkamera bereits Rehwild aufgenommen hat. Eine Wildkamera ist ein sehr praktisches technisches Gerät. Je nach Einstellung nimmt sie einen Film oder ein Bild auf, sobald sich vor ihr etwas bewegt. Der Jäger befestigt sie meist an einem Baum oder Zaunpfahl, und zwar möglichst genau an einer Stelle, an der Wild zu erwarten ist. Zum Beispiel im Bereich kleinerer oder auch größerer Grünflächen, auf die das Wild zur Nahrungsaufnahme aus dem Wald austritt.

Beim Morgenansitz sollte der Jäger noch im Dunkeln, also etwa eine bis eineinhalb Stunden vor Sonnenaufgang, ganz leise auf den Hochsitz steigen. Dort verharrt er dann. Langsam wird es Tag und die ersten Vögel beginnen zu zwitschern. Meistens kommt dann auch Bewegung in das Wild. Entweder hat der Jäger Glück und er erlegt ein Reh oder er packt etwa zwei Stunden nach Sonnenaufgang seine Sachen zusammen und steigt vom Hochsitz herunter. Abends ist es ähnlich, nur dass der Jäger nun vom Tag ausgehend in die Dunkelheit hineinsitzt, das heißt, er sollte etwa eine bis eineinhalb Stunden vor Einbruch der Dunkelheit Stellung auf dem Ansitz bezogen haben.

Ansitze auf Wildschweine sind im Gegensatz zu Rehwild etwas aufwendiger zu planen. Da Sauen nachtaktiv sind, muss der Jäger bei Nacht ansitzen. Bei Bewegungsjagden wird das Schwarzwild auch tagsüber auf die Läufe gebracht, doch dazu später mehr. Weil es dann aber bekanntlich dunkel ist, hat der Jäger nur bei Vollmond die Chance, Wildschweine zu sehen und zu bejagen. Und selbst dann müssen die Bedingungen stimmen. Es darf zum Beispiel nicht stark bewölkt sein, sonst nehmen die Wolken dem Mond das Licht und es ist ebenfalls zu dunkel, um die Tiere sicher ansprechen zu können. Der volle Mond gibt genügend Licht, die Sauen zu erkennen, damit sie sicher erlegt werden können. Das Jagdgesetz in Deutschland erlaubt die Jagd auf Wildschweine bei Nacht, allerdings ohne den Einsatz künstlicher Lichtquellen. Seit aber die Afrikanische Schweinepest immer näher in Richtung der deutschen Grenze rückt, erlauben es einzelne Bundesländer sogar, mit Taschenlampe oder Handscheinwerfer zu schießen.

Je nach Revier haben die Wildschweine unterschiedliche Aktivitätszeiten. In dem Revier im Taunus, in dem ich mitjage, gibt es eine Wiese, auf der die Sauen fast ausnahmslos nur in der zweiten Nachthälfte unterwegs sind. Wir wissen, dass wir dann gar nicht erst vor Mitternacht anzusitzen brauchen, wenn wir Jagderfolg haben möchten.

Aufbrechen und Versorgen des Wildes direkt nach der Drückjagd – alle Hände packen mit an.

Drückjagden bieten besonders gute Chancen, Sauen erfolgreich zu bejagen. Gerade weil die Tiere nachtaktiv sind, ist es nicht einfach, viele zu erlegen. Zum einen muss sich der Jäger für die Ansitzjagd nachts aus den Federn quälen und zum anderen gibt es nicht viele Nächte im Jahr, in denen der Mond genügend Licht spendet und die Wolken dieses Licht auch noch ausreichend durchlassen.

Da die Wildschweine aber immer mehr überhandnehmen und große Schäden auf landwirtschaftlichen Flächen anrichten, das heißt die Wiesen umdrehen und im Getreide sowohl Aussaat als auch reife Feldfrüchte fressen und diese zudem niedertreten, ist es wichtig, sie entsprechend zu bejagen. Bei Drückjagden werden mehrere Schützen im Wald angestellt, das heißt, jedem von ihnen wird ein bestimmter Drückjagdsitz, auch Drückjagdbock genannt, zugewiesen. Die Treiber – meist sind das die Hundeführer und Bauern oder auch Familienmitglieder und Freunde der Jäger – gehen langsam durch den Wald und machen moderaten Lärm durch Rufe (wie »Hopp-hopp!«) und das Schlagen von Stöcken gegen Baumstämme. Die Einstände des Wildes sollen dadurch beunruhigt und die Wildtiere auf die Läufe und damit den abgestellten Schützen vor die Büchse gebracht werden. Die Treiber werden dabei von speziell zu dieser Hundearbeit, dem Stöbern, eingearbeiteten Vierläufern unterstützt, die durch das Dickicht stöbern und so das Wild hochmachen. Alle Beteiligten tragen Jagdkleidung in weithin sichtbaren grellen Signalfarben, früher meist Orange, heutzutage oft auch Pink, Blau und Gelb, als einzelne Farben oder kombiniert, damit sie von den Schützen sofort erkannt werden. Auch die Kappen, die die Schützen und Treiber tragen, sind signalfarben – diejenigen, die einen Hut bevorzugen, tragen ein entsprechendes Hutband. Auch die Jagdhunde tragen signalfarbene Westen. Jeder Schütze bekommt genaue Anweisungen, in welche Richtung er schießen darf, ohne dabei einen anderen zu gefährden. Die Schützen werden auch darüber informiert, aus welcher Richtung die Treiber kommen, die sich zusätzlich lautstark durch ihr Rufen ankündigen.

Sicherheit ist hier oberstes Gebot! Daher wird vor jeder Jagd darauf hingewiesen, dass jeder einzelne Schütze für seinen Schuss selbst verantwortlich ist. Damit möchte der Jagdleiter noch einmal ausdrücklich betonen, dass ein Schuss nur abgegeben werden darf, wenn sich der Schütze ausreichend vergewissert hat, dass niemand gefährdet ist. Des Weiteren wird darauf hingewiesen, dass bis Hahn in Ruh, das ist eine bestimmte Uhrzeit, ab der nicht mehr geschossen werden darf, jeder auf seinem ihm zugewiesenen Stand zu bleiben hat und diesen nicht vorzeitig verlassen darf.

Vor Beginn der Drückjagd wird natürlich auch ganz genau geklärt, welche Tiere erlegt werden dürfen. In der Regel heißt es beim Schwarzwild: »Alles frei, außer führende Bachen!« Das bedeutet für die Schützen, dass Frischlinge, Überläufer und ausgewachsene Sauen erlegt werden dürfen. Nur Bachen, die Frischlinge bei sich haben, müssen in jedem Fall geschont werden.

Meist wird auch noch Reh- und Raubwild bejagt. In der Regel dürfen bei den Rehen alle Alters- und Gewichtsklassen erlegt werden, ausgenommen sind allerdings auch hier führende Ricken und zudem vielfach Böcke, wenn deren Jagdzeit Mitte Oktober endet, so wie in einigen Bundesländern der Fall. Da die weiblichen Rehe eine deutlich kürzere Jagdzeit haben als die Rehböcke und um das Geschlechterverhältnis möglichst im Gleichgewicht zu halten, muss beim Rehwild meist nur noch bei den weiblichen Tieren eingegriffen werden, damit am Ende des Jagdjahres etwa gleich viele weibliche und männliche Tiere auf der Strecke liegen.

Gibt es im Jagdrevier noch weitere Wildarten, wie etwa Rot- oder Muffelwild, wird auch hier noch klar angegeben, welche Tiere erlegt werden dürfen. All das wird in der Ansprache am Morgen der Drückjagd vom Jagdleiter verkündet. In aller Regel wird diese Rede vom Klang der Jagdhörner begleitet. Vor der Ansprache wird das Signal »Sammeln der Jäger« geblasen. Erklingen diese Töne, wissen die Grünröcke, dass sie sich sammeln sollen, weil es etwas zu verkünden gibt. Nun folgt das

Signal »Begrüßung«, mit dem alle Jagdgäste symbolisch begrüßt werden. Hat der Jagdleiter dann seine daran anschließende Rede beendet, weiß jeder Schütze, wer ihn in den Wald zu seinem Stand begleiten wird. Diese ortskundigen Personen werden als Ansteller bezeichnet. Die Schützen sammeln sich jeweils in kleinen Gruppen um sie herum, während die Jagdhornbläser das Signal »Aufbruch zur Jagd« spielen. Nachdem das Signal verklungen ist, machen sich die Bläser, die als Schützen oder Treiber an der Jagd teilnehmen, ebenfalls auf den Weg in den Wald.

Und dann beginnt die Jagd: Die einzelnen Gruppen werden von ihren Anstellern zu den jeweiligen Ständen gebracht. Die Treiber stellen sich mit ihren Hunden nach entsprechender Anweisung in einer Reihe, der sogenannten Treiberwehr oder auch Treiberkette, auf. Wenn alle Schützen ihren Stand eingenommen haben, beginnt das Treiben. Die Hunde durchstöbern selbst die dichtesten Dickungen und die Treiber gehen mit stetig ertönendem »Hopp-hopp!« langsam voran durch den Wald. Ab und an ist ein »Sau nach rechts« oder »Reh nach vorn« zu hören. Und bald fällt der erste Schuss. Zum vereinbarten Zeitpunkt, etwa zwei Stunden später, sammeln sich alle an einem vorab bestimmten Punkt, dem Sammelplatz. Das erlegte Wild wird geborgen und zum Aufbrechen in die Wildkammer transportiert, häufig ist diese auch der vereinbarte Treffpunkt. Jeder Schütze muss genau angeben, wie viele Schüsse er abgegeben und wie viele Tiere er erlegt hat. Im Idealfall notiert der Schütze alle erforderlichen Angaben und weitere (Wild-)Beobachtungen auf einer von der Jagdleitung vorbereiteten und vor Beginn der Drückjagd ausgehändigten Standkarte. Dann weiß der Jagdleiter genau, wo er wie viel Wild abholen muss, und es bleibt kein wertvolles Wildbret im Wald liegen.

Ist das von einem Schützen beschossene Wild auf den Schuss hin geflüchtet, wird ein bestätigter Nachsuchenführer informiert. Er und sein speziell in diese Arbeit eingearbeiteter und geprüfter Hund sind ein geübtes und eingespieltes Team, ein sogenanntes Nachsuchengespann. Speziell bei dieser Form der jagdlichen Hundearbeit ist besonders viel Routine, Erfahrung und Ausdauer erforderlich, weshalb ein Nachsuchenführer mit seinem Nachsuchenhund neben der geforderten sogenannten Schweißprüfung jährlich eine gewisse Anzahl an Suchen nachweisen muss, um eine Bestätigung als anerkanntes Nachsuchengespann zu erhalten. Der Nachsuchenführer erkennt an seinem Hund schnell, ob an der ihm gezeigten Stelle, also am Anschuss, ein Tier getroffen wurde oder ob der Schuss danebenging und es gesund, also nicht getroffen, geflüchtet ist. Da der Hund darauf spezialisiert ist, verendetes oder krankgeschossenes Wild zu suchen und zu finden, wird er bei einem gesunden Tier – also bei einem Schuss, der beispielsweise in den Boden ging, ein sogenannter Fehlschuss – nicht die Spur aufnehmen. Wurde das Tier aber getroffen, hängt sich der Hund sofort in das Geschirr oder die Schweißhalsung, so wird das extrabreite Halsband des Schweißhundes in der Jägersprache genannt, und folgt zielstrebig der Wundfährte.

Der Hund verlässt sich dabei voll und ganz auf seine Nase und arbeitet die Bodenverwundungen aus, die das krankgeschossene Tier hinterlassen hat. Das heißt, er ist in der Lage, der Wundfährte eines verletzten Tieres exakt zu folgen. Der Nachsuchenführer wiederum folgt seinem Hund und achtet dabei auch auf sogenannte Pirschzeichen auf der Wundfährte, wie beispielsweise Schweiß, Knochensplitter oder Gewebeteile beziehungsweise Inhalte des Magen-Darm-Trakts, die ihm der Hund durch sogenanntes Verweisen anzeigt. Meist hält er kurz inne und wedelt kaum merkbar mit der Rute. Nachsuchenführer und Hund können sich dabei nicht aus den Augen verlieren, da der Hundeführer den mehrere Meter langen Schweißriemen, der ihn mit seinem Hund verbindet, stets in der Hand hält. Hat der Hund zum Tier gefunden, wird es ebenfalls zur Wildkammer verbracht und dort aufgebrochen. Ist das Tier noch nicht verendet, muss es der Hundeführer mit dem sogenannten Fangschuss erlösen. Adäquat zum »Waidmannsheil!« lau-

Schweißhunde sind wahre Nachsuchenspezialisten. Ohne sie würde so mancher Jäger nicht zum verletzten oder verendeten Wild finden.

tet der Gruß und der Glückwunsch an die Schweißhundeführer »Suchenheil!«, worauf der Hundeführer mit »Suchendank!« antwortet. In diesem Zusammenhang sei noch Folgendes bemerkt: Jäger und damit auch die Nachsuchenführer üben das Waidwerk nicht beruflich aus – ausgenommen sind Berufsjäger und Förster –, sondern haben sich die Erhaltung eines den land- und forstwirtschaftlichen Verhältnissen angepassten artenreichen und gesunden Wildbestandes und die Erhaltung stabiler, naturnaher Lebensräume zur persönlichen Aufgabe gemacht – eine Aufgabe, der vor allem im Fall der Nachsuchenführer viel Anerkennung und Hochachtung gebührt.

Auf zu neuen
Abenteuern

Ursprünglich habe ich Automobilwirtschaft studiert – also quasi Betriebswirtschaftslehre mit Fokus auf die Automobilbranche. Während des Studiums arbeitete ich nebenher beim Automobilzulieferer Bosch in der Personalabteilung. Allerdings konnte ich nicht viel Gefallen daran finden, Tag für Tag Geburtsdaten und Gehälter in die Tastatur zu hacken, auch nach zweieinhalb Jahren nicht. Ich habe einen befristeten Arbeitsvertrag, der schon bald enden soll. So schicke ich einige Bewerbungen an verschiedene Unternehmen, auch an branchenfremde. Immer sind es Stellen im betriebswirtschaftlichen Bereich, keine sagt mir wirklich zu.

Und obwohl ich zu Vorstellungsgesprächen eingeladen werde und auch eine Zusage bekomme, entscheide ich mich, mir vorerst eine Auszeit zu gönnen, um mir Gedanken über meine berufliche Zukunft machen zu können. Als ich Mitte August auf Facebook einen Beitrag sehe, versehen mit der Frage: »Hat jemand spontan Zeit und Lust auf Elchjagd in Norwegen in der Zeit ab dem 25. September?«, fackele ich nicht lange.

Einzig meine finanzielle Situation widerspricht dieser Idee. Auf Facebook schaue ich mir das Profil des Unbekannten an und sehe, er hat einen Bauernhof und Familie. »Dann bist du halt mal frech«, denke ich mir und schreibe ihm eine Nachricht. Ich schildere meine Lage und frage, ob es möglich wäre, auf dem Hof zu arbeiten und dafür dort wohnen zu dürfen, auch während der Zeit der Elchjagd. Und so kommt es, dass ich am 1. September 2016 mit Tränen in den Augen in meinem kleinen VW up! sitze und 2500 Kilometer in ein fremdes Land mit fremder Sprache zu fremden Leuten reise.

Der Kofferraum ist randvoll mit warmen Klamotten und festem Schuhwerk. In Norwegen kann einen bereits Ende September der erste Frost erwarten. Im Fußraum hinter Fahrer- und Beifahrersitz liegt meine Waffe im verschlossenen Futteral. Die erste Nacht verbringe ich bei Freunden in Rendsburg, die zweite in Schweden im Auto. Mein Ziel liegt im östlichen Norwegen, dicht bei Schweden, und da dort die Autobahngebühren günstiger als in Norwegen sind, fahre ich an der Grenze entlang Richtung Norden. Eingeklappt wie eine Ziehharmonika, schlafe ich auf der hinteren Sitzreihe. Sogar einen Stellplatz auf einem Campingplatz habe ich noch gefunden, nur meiner Mutter zuliebe. Sie scheint sich wohl Sorgen zu machen, mich in den Weiten Schwedens schlafen zu lassen. Doch auch auf dem Campingplatz ist nicht mehr viel Betrieb. Da hätte ich auf einem kleinen Rastplatz wohl mehr Menschen um mich gehabt.

Um fünf Uhr morgens packt mich die Kälte. Sie lässt mich spüren, dass die Reise Richtung Norden geht. Also strecke ich meine steifen Glieder und setze mich hinters Steuer. Je weiter ich fahre, desto leerer werden die Straßen und desto weniger Häuser sehe ich. Ich komme an einer Tankstelle vorbei. Meine Tanknadel zeigt noch zwei Drittel im Tank an. Also fahre ich weiter, obwohl mir geraten wurde, jede Tankstelle zu nutzen. Denn je nördlicher die Reise geht, desto schlechter wird die Infrastruktur.

Ich fahre und fahre und die Tanknadel sinkt und sinkt. Schon die ganze Zeit schaue ich aktiv nach einer Zapfsäule oder einem Menschen, der mir die nächste verraten könnte, aber ich bin mutterseelenallein. Bis auf ein paar einzelne Autos, die mir ab und an entgegenkommen. Dreihundert Kilometer bin ich schon gefahren seit der letzten Tankmöglichkeit. Ich ärgere mich, dass ich sie nicht genutzt habe, aber das hilft mir jetzt auch nicht weiter.

Plötzlich sehe ich ein Haus und daneben einen Tankcontainer mit Zapfsäule, die ich sofort ansteuere. »Hoffentlich nimmt der Automat nicht nur Kreditkarten«, denke ich mir. Denn die hatte ich, da ich Deutschland doch recht spontan verlassen habe, nicht mehr beantragen können. Ich sehe das Logo der Maestro-Card und bin erleichtert. Doch als ich die Karte in den Schlitz schiebe und erst einmal nichts geschieht, kommt das mulmige Gefühl zurück. »Error«, sagt der kleine Bildschirm. Mit zittrigen Fingern und steigender Panik, hier in der Pampa ohne Benzin festzusitzen, ziehe ich die Karte aus dem Schlitz und schiebe sie erneut hinein. Doch der Automat bleibt bei seinem Entschluss, meine Karte nicht anzunehmen.

Zu meiner Erleichterung höre ich plötzlich Stimmen. Ich drehe mich um und sehe zwei Männer, die sich angeregt unterhalten. Ich verstehe kein Wort und hoffe, als ich mich ihnen zuwende, dass sie auch Englisch verstehen. Das tun sie einwandfrei. Erleichtert steige ich zurück in mein Auto. In etwa fünfzig Kilometern kommt eine größere Stadt namens Sveg, in der es mehrere Tankstellen gibt, die angeblich auch Euro als Währung akzeptieren. Fünfzig Kilometer ist genau die Reichweite, die mein Tank noch verspricht. Wenn die Männer und die Tankanzeige recht haben, dürfte es genau hinhauen. Nun weiß ich, dass die Rendsburger Freunde es ernst meinten, als sie mir eine Flasche Korn mitgaben und sagten: »Damit kannst du zur Not einen Kanister Benzin bezahlen, falls du keine Tankstelle findest.«

Aber darauf muss ich zum Glück nicht zurückgreifen. Mit dem letzten Tropfen Benzin rolle ich an die Zapfsäule einer großen Tankstelle, wie wir sie auch aus Deutschland kennen. *Vierunddreißig Komma acht* Liter schluckt der Tank durstig, fünfunddreißig Liter haben darin Platz. Der war wohl wirklich leer. Bis zu meinem Endziel sind es noch dreihundertvierzig Kilometer. Also kein Grund mehr zur Sorge. Bis auf die Straßenverhältnisse, die immer schlechter werden, verläuft der Rest meiner Fahrt reibungslos und ich komme fünf Stunden später an meiner Zieladresse an. Dass sich dieser holprige Schotterweg, an dem alle paar Kilometer ein Haus steht, Straße nennt, halte ich für etwas übertrieben. »Wo bin ich denn hier gelandet?«, frage ich mich verwundert.

»Das Ziel befindet sich auf der linken Seite«, quatscht das Navi, ohne das ich mein Ziel wohl nicht so reibungslos erreicht hätte. Und tatsächlich, links und rechts der »Straße« steht je ein Haus. Mehr Häuser kann ich nicht sehen. Ganz schön einsam hier. Ich biege links in den großen Hof und atme erst einmal tief durch. 2500 Kilometer geschafft. Nun hoffe ich, dass ich mit der Familie gut auskomme und eine schöne Zeit haben werde. Denn so schnell möchte ich die 2500 Kilometer nicht wieder zurückfahren.

Ich steige aus dem Auto und schaue mich um. Links ein Gebäude, vor mir eines und rechts auch noch eines. Das vor mir sieht aus wie ein Wohnhaus, also steuere ich darauf zu. Eine Klingel finde ich keine. Also klopfe ich und drücke, frech wie ich bin, kurzerhand die Türklinke herunter. Und siehe da, die Tür öffnet sich. Drinnen höre ich Stimmen in einer mir unbekannten Sprache. Das muss Norwegisch sein. Es riecht nach frisch gebrühtem Kaffee. Genüsslich atme ich den Geruch ein, als eine Frau auf mich zutritt. Ich spreche sie auf Englisch an. Sie schaut etwas verdutzt und antwortet: »Wir können uns auf

Deutsch unterhalten. Ich bin Katrin, die Frau von Jens, mit dem du über Facebook Kontakt aufgenommen hattest. Und das ist Lucie, unser siebenjähriges norwegisches Pflegekind. Sie versteht schon viel Deutsch – wenn sie möchte.«

Dann gesellt sich auch Jens zu uns. Gemeinsam trinken wir einen Kaffee. Ich merke schnell, dass wir uns gut verstehen und ich eine tolle Zeit hier haben werde. Katrin und Jens sind 2009 von Thüringen nach Norwegen gezogen, im Schlepptau ihre drei Kinder. Aber wo sind die? Auf der weiterführenden Schule, erfahre ich. Die nächstgelegene Schule, die zwanzig Kilometer entfernt ist, geht nur bis zur zehnten Klasse. Danach müssen die Kinder fortziehen, um ihre Schulausbildung weiterverfolgen zu können. Die drei werde ich also erst am Wochenende kennenlernen, erklären mir die Eltern.

Bis die Elchjagd beginnt – bis dahin sind es noch drei Wochen –, steige ich aktiv ins Bauernhofleben mit ein. Von Mistschaufeln über Traktorfahren bis hin zum Küheeinfangen, wenn der Tierarzt kommt, ist alles dabei. Wenn Lucie nach der Schule heimkommt, machen wir gemeinsam Hausaufgaben. Wir gehen Beeren sammeln und kochen Marmelade ein. Auch in den Deutschunterricht begleite ich Lucie ein Mal in der Woche und darf dort berichten, wie die Jagd bei uns in Deutschland abläuft. Da gibt es nämlich einige Unterschiede.

In Mittelnorwegen, wo ich mich befinde, werden hauptsächlich Elche und etwas Flugwild, also Auer- und Schneehühner, bejagt. Die Jagdzeit auf Elchwild beginnt am 25. September. Es gibt genaue Vorgaben, wie viele Elchbullen, Kälber und Elche, die im Vorjahr gesetzt wurden, erlegt werden müssen. Dann wird eine Woche lang täglich mit zwei bis drei Hunden ein Teil des Gebietes durchgetrieben. Auf Ständen stehen etwa fünfzehn

Sophias erste Jagd in Norwegen. Bonny, die Kleine-Münsterländer-Hündin, begleitete sie bei der Jagd auf Auerwild inmitten der atemberaubenden Natur Norwegens.

bis zwanzig Schützen. Nach dieser intensiven Woche ist bereits ein Großteil des vorgegebenen Abschusses erfüllt. Der noch ausstehende Teil wird dann an den darauffolgenden Wochenenden bejagt. Ist das Soll erfüllt, das ist meist Ende Oktober oder November, ist die Jagdzeit auf Elchwild beendet. In Deutschland hingegen wird von Mai bis Januar viel Wild auf Ansitzen erlegt.

Die Zeit vergeht wie im Fluge und der 25. September, der Beginn der Elchjagd, rückt immer näher. Nicht nur ich, auch die Einheimischen sind zunehmend aufgeregt und schauen, wenn sie irgendwelche Fährten, also Spuren von Elchen, sehen, wohin diese führen. Denn dort, wo Elche vermutet oder sogar gesichtet wurden, wird natürlich zuerst gejagt.

Am Morgen des 25. dann die letzten Vorbereitungen: Wir kochen literweise heißes Wasser, denn die Temperaturen tanzen schon um den Gefrierpunkt und wir werden den ganzen Tag unterwegs sein. Brot, Käse und andere Leckereien haben wir bereits am Vorabend zusammengepackt. Nun fehlen nur noch die Waffen und dann kann's auch schon losgehen. Eng zusammengequetscht sitzen wir im Land Rover, auf dem Weg zur Jagdhütte, dem gemeinsamen Treffpunkt.

Rund zwanzig Jäger treffen sich dort. Es wird wild durcheinandergeredet – ich verstehe kaum ein Wort, denn natürlich wird Norwegisch gesprochen. Caspar, der neunzehnjährige Sohn meiner Gastfamilie, wird mich auf dieser Jagd begleiten. Er beherrscht sowohl Deutsch als auch Norwegisch und wird für mich übersetzen. Denn in Norwegen ist es üblich, dass alle, die an der Jagd teilnehmen, über Funk miteinander Kontakt halten. Caspar sitzt bereits in der Jagdhütte neben mir, denn nun werden die Regeln erklärt. Was darf erlegt werden? Wie lange werden wir jagen? Und so weiter. Kälber und Vorjahresbullen sind frei. Ältere Bullen nur dann, wenn ihr Geweih mehr als zehn Enden aufweist, also pro Seite mindestens fünf Spitzen an den Schaufeln hat. Dann geht es los.

Damit Caspar und ich unseren Turm, wie die Sitze in Norwegen genannt werden, erreichen, müssen wir quer durch den Fluss. Meine Füße sind also schön nass, als wir ankommen. Wir machen es uns, soweit möglich, gemütlich und warten ab. Drei Schützen machen sich mit ihren Elchhunden auf, um die Elche zu suchen und den Schützen zuzutreiben. Eine Stunde lang sitzen wir und es passiert gar nichts. Auch nicht bei den anderen Schützen. Das ist der Vorteil der Funkvernetzung: Jeder weiß, was wo geschieht.

Dann die ersten Durchsagen: Elche wurden gesichtet, und der erste Schuss fällt. Plötzlich nehme auch ich eine Bewegung war. Etwa fünfhundert Meter entfernt, am gegenüberliegenden Waldrand, am Ende des Moores, das wir überblicken, zieht eine Elchkuh durch. Eine halbe Stunde später platscht es hinter uns im Fluss. Ein Fahrradlenker, so werden die Bullen vom Vorjahr genannt, deren Geweihe links und rechts nur je zwei Enden haben, zieht in aller Seelenruhe durch das Wasser. Das kalte Nass scheint ihm nichts auszumachen. Wir schauen ihm nur nach. Denn ich müsste mich halb verrenken, um in seine Richtung zu schießen. Ein sicherer Schuss wäre kaum möglich, weshalb wir ihn weiterziehen lassen.

Dann kommt die Durchsage, dass ein Fjording, wie die Bullen vom Vorjahr in Norwegen genannt werden, vermutlich angeschossen wurde. Das bedeutet für alle Schützen erhöhte Aufmerksamkeit und in jedem Fall zu schießen, wenn er sich zeigt, um das Tier zu erlösen. Doch plötzlich betritt ein weiterer Elch die Bühne. Ein starker Bulle zieht rechts von uns aus dem kleinen Wäldchen. Ich beginne die Enden zu zählen, die er an seinen starken Schaufeln hat. Eins, zwei, drei, vier … »Der passt! Auf, schieß!«, höre ich Caspar neben mir flüstern. Das Gewehr habe ich bereits im Anschlag und ich lasse die Kugel fliegen.

Leider kommen viel zu viele Dinge zusammen und die Kugel landet etwas weiter hinten, als dort, wo ich hingezielt habe. Schnell repetiere ich und schieße erneut. Und auch aus Caspars Waffe fliegt nun ein Schuss in Richtung Bulle. Er ist schon fast wieder im Wald verschwunden. »Mist! Das war das erste Mal, dass ich ein Tier nicht gleich so traf, wie es eigentlich sein sollte!« Ich habe ein schlechtes Gewissen. In dem Moment höre ich aber ein Krachen, das mir verrät, dass der Elch liegt und nicht mehr weitergelaufen sein kann.

Elchhunde sind für die erfolgreiche Jagd auf Elche in den Weiten der skandinavischen Länder unerlässlich. Sie jagen sehr selbstständig, souverän und ausdauernd auf meist sehr große Distanzen.

Obwohl der vereinbarte Zeitpunkt für das Ende der ersten Jagd bereits gekommen ist, sitzen wir noch. Über Funk hören wir, dass der angeschossene Fjording noch nicht erlegt wurde und vermutlich noch auf den Läufen ist, weshalb die Jagdzeit verlängert wird, bis der Elch liegt. Plötzlich raschelt es vor uns in den Bäumen. »Was ist das?« Es ist ein Hundeführer. Er ruft laut: »Waidmannsheil!« Ich bin erleichtert darüber, dass der Elch, den ich beschossen habe, liegt. Da es auf Bewegungsjagden aus Sicherheitsgründen verboten ist, den Stand zu verlassen, konnte ich mich nicht selbst davon überzeugen.

Der Hundeführer ist bereits weitergezogen, als es erneut im Gebüsch raschelt. Diesmal ist es ein Fahrradlenker. Ich sehe etwas Schweiß an seinem Träger und nehme schnell die

Waffe hoch. Das muss der Angeschossene sein. Diesmal sitzt der Schuss. Hinter dem Schulterblatt schlägt die Kugel ein und bahnt sich ihren Weg durch die Lunge. Doch der Elch zieht weiter und verhofft plötzlich mitten im Flussbett. Lange kann es nicht mehr dauern, bis er fällt. Dass ein Tier mit einem solchen Schuss noch so agil ist, habe ich noch nicht erlebt. Unter Jägern wird das als schusshart bezeichnet, wobei Elche normalerweise als wenig schusshart gelten. Ich versuche noch einen Schuss anzubringen, aber die Hunde sind mittlerweile am Fahrradlenker angekommen und ich würde riskieren, einen von ihnen durch den Schuss zu verletzen. Doch dann ist plötzlich der richtige Moment. Die Hunde stehen abseits des Elches und ich kann ungehindert schießen. Begleitet von einer riesigen Wasserfontäne, landet der Elch im Flussbett und bleibt tödlich getroffen liegen.

Per Funk gibt Caspar durch, dass wir den angeschossenen Elch erlegt haben, und die Jagd wird beendet. Was für ein erfolgreicher Jagdtag! Ich bin fix und fertig. Doch nun beginnt die eigentliche Arbeit erst. Mit einem sechsrädrigen Quad werden die Elche aus dem Moor gezogen. An das Fahrzeug wird eine Art Boot angehängt, in das die Tiere gelegt werden. Dieses gleitet dann durchs Wasser oder übers Moor.

An der Jagdhütte werden die Elche aufgebrochen. Ich bin total fasziniert, wie riesig das Herz des Bullen ist. Ich brauche beide Hände, um es halten zu können. Selbstverständlich wird es eingepackt und am Abend gekocht und danach in den Rauch gehängt. Nach Beendigung der roten Arbeit und nachdem das Wild aus der Decke geschlagen ist – das ist die jagdsprachliche Bezeichnung für das Abziehen des Fells –, werden die Elche mithilfe einer Seilwinde in der Scheune an der Jagdhütte hochgezogen und aufgehängt. Ich schaue mir genau an, wo die Schüsse saßen. Der erste Schuss auf den Bullen ist leicht auszumachen. Er ist der Einzige, der auf der linken Seite liegt. Danach wendete sich der Elch und für uns war nur noch die rechte Seite sichtbar.

Dieser erste Schuss war leider kein tödlicher Treffer. Die Wildart Elch ist für mich völlig neu. Selbst wenn ein Elch in seiner schnellsten Gangart unterwegs ist, wirkt er rein optisch relativ langsam. Wahrscheinlich liegt das an den langen Beinen. Auf jeden Fall habe ich die Geschwindigkeit wohl ziemlich unterschätzt, weshalb der Schuss zu weit hinten lag, genauer kurz hinter dem Zwerchfell. Was mich aber noch viel mehr grämt, ist mein zweiter Schuss. Dieser ging mitten durch die Keulen. Schade um das Fleisch. Die Keulen sind nach den Filets und dem Rücken das wertvollste Fleisch. Da aber das Tierwohl vorgeht, war der zweite und tödliche Schuss wichtig und waidmännisch richtig.

Leider ist dieses faszinierende Jagderlebnis getrübt von meinen schlechten Schüssen. Das erste Mal, dass mir so etwas passierte und dann auch noch in einem fremden Land und inmitten einer völlig fremden Jagdgesellschaft. Auf der anderen Seite bin ich froh, dass wir den Elch erlegen konnten, denn es hätte auch passieren können, dass er verletzt flüchtet und trotz Nachsuche nicht mehr gefunden wird. Das wäre das Schlimmste für mich.

Trotz allem bin ich auch ein wenig stolz auf mich. Denn der Elch, den ich im Flussbett erlöst habe, hatte einen sauber angetragenen Schuss. Der erste Schuss, durch den ersten Schützen angetragen, ging nur durch das Fleisch des Nackens. Das wäre eine lange Nachsuche geworden. Die Chance, ihn zu finden, wäre sehr gering gewesen, da er durch diesen Treffer kaum beeinträchtigt wurde und noch sehr mobil war. Mein Schuss ging direkt in die Kammer des Herzens und durch die Lunge. Diesen Schuss habe ich im besten Sinne waidgerecht angetragen.

Nachdem das Wild versorgt ist, es sind noch drei weitere Elche erlegt worden, öffne ich die Flasche Korn, die mir meine Freunde in Rendsburg mitgegeben haben, und wir stoßen auf den erfolgreichen Jagdtag an. Noch einmal lassen wir den Tag Revue passieren und fahren dann zurück zum Hof. Abends im Bett denke ich über das Erlebte nach. Ich bin überglücklich, dass ich nach eineinhalb Jahren Jägerleben schon einen Elch erlegen durfte. Davon träumen wohl viele Jäger ihr Leben lang. Nur der Schuss ärgert mich noch immer. Aber daran kann ich nichts mehr ändern. Ich kann mir nur vornehmen, es in Zukunft besser zu machen.

Es folgen viele weitere ereignisreiche Jagdtage. Unter anderem wird eine schwer kranke Elchkuh erlegt. Sie ist stark abgekommen, so nennt der Jäger Wild, das nur noch aus Haut und Knochen zu bestehen scheint, zudem fehlt ihr die Hälfte des einen Lauschers und im Windfang, so wird die Nase des Schalenwilds bezeichnet, hat sie ein Loch. Alles ist zwar bereits gut verheilt, aber sie ist in einem sehr desolaten Zustand. Ob sie Opfer eines Verkehrsunfalls wurde? Zur Sicherheit wird eine Probe ans Veterinäramt geschickt. Seit 2016 grassiert in Norwegen die ansteckende Krankheit CWD (Chronic Wasting Disease), die auch auf Elche übertragbar ist. Die Krankheit wurde vor etwa fünfzig Jahren in den USA entdeckt und 2016 das erste Mal an einem norwegischen Rentier und damit das erste Mal auf dem europäischen Kontinent nachgewiesen. CWD hat Ähnlichkeit mit dem Rinderwahnsinn BSE, dabei wird das zentrale Nervensystem angegriffen. Wir alle sind erleichtert, als wir erfahren, dass die Probe nicht positiv ist.

Caspar und ich sehen noch viel weiteres Wild. Aber entweder ist es zu weit weg oder darf nicht geschossen werden. Nur ein Kalb kommt noch genau richtig und Caspar trifft es mit einem sauberen Schuss. Eines Morgens bringt uns ein älterer Jäger zu unserem Jagdstand. Plötzlich bleibt er stehen und zeigt auf einen niedergetrampelten Streifen im Moor. Er redet mit Caspar. Das Einzige, was ich verstehe, ist »Bjørn« und »to timer«, also »Bär« und »zwei Stunden«. Mir wird etwas mulmig. Vor zwei Stunden soll hier ein Bär entlanggelaufen sein, Caspar dreht sich nun um und bestätigt meine erratene Übersetzung. Obwohl ich bewaffnet bin, habe ich ein komisches Gefühl. Trotzdem gehen wir weiter auf unseren Posten. Einen

Die norwegische Landschaft in ihrer urwüchsigen Wildheit ist faszinierend – hier jagen zu dürfen ist ein echtes Privileg.

Bären habe ich in meiner ganzen Zeit in Norwegen nicht ein Mal zu Gesicht bekommen.

Stattdessen sehe und erlebe ich dort noch viele andere schöne Dinge. Als etwa die Tierärztin zur Trächtigkeitsuntersuchung auf den Hof kommt, ist es eine reine Freude, zu erfahren, welche Kuh im nächsten Jahr ein Kalb bekommen wird. Die Gefriertruhen füllen sich weiter mit Fleisch, hier im ländlichen Mittelnorwegen ist es nämlich nicht üblich, dass das Fleisch abgepackt im Supermarkt gekauft wird. Die Jäger frieren das küchenfertig zerwirkte Fleisch des auf der Jagd erlegten Wildes ein und teilen es sich das Jahr über auf. Es gefällt mir, wie naturnah hier gelebt wird. Es wird entweder Wild gejagt oder Nutzvieh selbst geschlachtet. Die Tiere hatten allesamt ein Leben ohne Viehtransporte und ohne Stress vor der Schlachtung.

Auch die Jagd mit der Flinte, also mit Schrot – den Elch erlegte ich mit der Kugel aus der Büchse –, lerne ich in Norwegen genau kennen. Bonny, die Kleine-Münsterländer-Hündin, geht voraus. Selbstständig sucht sie nach Auerwild und Schneehühnern, die sich meist unter Bäumchen oder in Preiselbeersträuchern verstecken. Hat sie mit ihrer feinen Nase eines gewittert, wird sie ganz langsam und vorsichtig. Ihre Rute trägt sie dabei waagerecht, wobei die Rutenspitze vor Anspannung zittert. Einen der beiden Vorderläufe hebt sie an und verharrt. Sie steht vor. Daran erkennt der Jäger, dass sie etwas in der Nase hat. Danach umschlägt sie den Busch und macht das Flugwild hoch, sodass es auffliegt und von den Jägern geschossen werden kann.

Der jüngste Sohn erlegt eine Auerhenne und so komme ich in den Genuss, dieses leckere Wildgeflügel zu kosten. Es schmeckt herrlich! Lecker saftig und aromatisch ist das Fleisch. Kein Vergleich zu unseren faserigen Stallhühnern.

Trotz all dieser Erlebnisse darf ich dennoch meine berufliche Zukunft nicht vergessen, und während ich eines Abends so durch Facebook schmökere, sehe ich plötzlich eine Stellenausschreibung, die meine Aufmerksamkeit auf sich zieht. Ein Jagdverlag sucht eine Volontärin beziehungsweise einen Volontär. Und weil ich auf Anhieb zunächst nicht genau weiß, was das ist, mache ich mich im Internet schlau. Aha, es ist die Ausbildung zur Redakteurin, finde ich nach kurzer Recherche heraus. Den Anforderungen werde ich gerecht. Ich habe den Jagdschein und ein abgeschlossenes Studium. Nur meine Deutschnoten waren nie herausragend.

Mehr aus Jux und Tollerei schreibe ich eine Bewerbung und schicke sie an die »Deutsche Jagdzeitung« und »Jagen Weltweit«. Zwei Tage später erhalte ich eine Einladung zum Vorstellungsgespräch in Singhofen. Ein Ort, wo Fuchs und Hase sich gute Nacht sagen. Er liegt in Rheinland-Pfalz, genau zwischen Koblenz und Wiesbaden. Auf jeden Fall wird dadurch meine Zeit in Norwegen schneller beendet als gedacht, denn eigentlich wollte ich ja bis Weihnachten bleiben.

Ende Oktober, nach fast zwei Monaten, nehme ich Abschied. Ein paar Tränen bleiben nicht aus. Es war eine herrliche Zeit und ich werde wiederkommen, da bin ich mir ganz sicher! Drei Tage später stehe ich mit meinem vollgepackten Auto, darin auch das Elchgeweih, vorm Paul Parey Zeitschriftenverlag. Vielleicht ist es genau das, was meinem neuen Arbeitgeber imponiert. Ich weiß es nicht, auf jeden Fall beginne ich kurze Zeit später einen Beruf, den ich mir nie erträumt hätte. Und auch meine Deutschlehrerin hätte wohl nie damit gerechnet, dass ich eines Tages als Redakteurin und Buchautorin mein Geld verdienen werde.

Der erste Elch liegt – Sophia kann ihr (Jagd-)Glück kaum fassen!

Jagd ohne Hund ist Schund

Ich sitze auf dem Beifahrersitz eines großen Mercedes-Busses. Auf meinem Schoß schlummert ein kleiner, zerbrechlich wirkender Welpe. Der zehn Wochen alte Langhaardackel hat sofort mein Herz erobert. Mein letztes Erspartes habe ich zusammengekratzt, um den Schwarztiger, wie sie selten vorkommen, vom Züchter überlassen zu bekommen. Die gescheckten Dackel entstehen durch einen bewusst gezüchteten Gendefekt. Bekannter ist er wohl bei den Australian Shepherds. Auch sie haben diese vielen Punkte im Fell, die durch das Merle-Gen entstehen.

Ein Tigerdackel sorgt stets für Aufmerksamkeit, denn er ist ein Exot innerhalb seiner Rasse. Entgegen der Meinung, dass die Zucht der Tiger, es gibt sie neben Schwarz auch in Braun und Rot, eine Modeerscheinung sei, zeigen bereits alte Gemälde Tigerteckel bei der Jagd auf Fuchs und Dachs. Bei der Auswahl der Elterntiere für die Zucht muss sehr bedacht vorgegangen werden. Es gibt auch Dackel mit Merle-Gen, denen das gar nicht anzusehen ist. Die Scheckung ist dann sehr gering oder gar nicht vorhanden. Da es aber bei der Verpaarung zweier Tiger zu Fehlbildungen, wie Blindheit und Taubheit der Welpen, kommen kann, muss vorher dringend ein Gentest gemacht werden, um sicher zu sein, dass nicht beide Elterntiere das Merle-Gen tragen – die Verpaarung zweier Tigerteckel ist im Übrigen gemäß der Zuchtordnung des Deutschen Teckelklubs auch gar nicht erlaubt.

Ursprünglich wollte ich einen Rauhaarteckel haben. Doch dann sah ich diesen kleinen schwarzen Welpen mit den grauen

Tupfen. Zuerst nur auf einem Foto in einer WhatsApp-Gruppe, doch schnell hatte ich Namen und Rufnummer des Züchters herausgefunden und einen Termin mit ihm vereinbart, um den Kleinen persönlich in Augenschein zu nehmen.

Sowohl die Mutterhündin als auch der Rüde dazu werden jagdlich geführt. Über die Leistung der Mutterlinie konnte ich mir vorab ein Bild machen, da eine meiner Freundinnen auch die Großmutter jagdlich führt. Es war mir wichtig, einen Hund aus jagdlicher Gebrauchshundezucht zu bekommen. Von Ahnentafeln und Prüfungen habe ich zu dieser Zeit noch keine Ahnung. Später sollte sich jedoch herausstellen, dass der Kleine einen wirklich guten Stammbaum hat. Auf Jagdprüfungen treffe ich häufig Langhaarteckel, die aus derselben Linie stammen und stets mit guten Leistungen abschneiden.

Auf jeden Fall sitze ich im Auto und bin überglücklich. Noch ist mir nicht bewusst, welche Arbeit mit diesem kleinen Wurm verbunden ist. In der ersten Nacht weckt er mich drei Mal auf, er muss pinkeln. Er liegt in einer Hundebox direkt neben meinem Bett, um zu vermeiden, dass er mir in die Wohnung macht, während ich schlafe. Da ein Hund kein Nestbeschmutzer ist, meldet er sich, wenn er in seiner Box ist und sein Geschäft verrichten muss.

Zum Glück wohne ich ebenerdig und habe einen eingezäunten Garten. Da es Anfang April ist, sind die Nächte noch recht kalt. Emil, so habe ich den kleinen Schwarztiger genannt, sucht sich ein passendes Plätzchen, an dem er sein Geschäft erledigen kann. Ich hoffe, dass er dieses schnell findet. Zitternd sehne ich mich in mein warmes Bett zurück. Dem Welpen geht es wohl genauso, blitzschnell, nachdem er sich gelöst hat, springt er zur Terrassentür und blickt an mir hoch. Schnell geht es zurück ins Warme, bis Emil mich ein paar Stunden später wieder weckt.

Doch neben den Nächten sind es auch die Tage, die recht anstrengend sind. Ich stehe zwischen der Entscheidung, den kleinen Dackel mit auf die Toilette zu nehmen oder allein zu gehen, dafür aber begleitet von Quietschen und Kratzen an der Toilettentür. Das Duschen gestaltet sich ebenfalls schwierig. Eigentlich würde Emil gerne mit hinein, zumindest macht er Anstalten dahingehend. Die Brause wird ihm aber recht schnell unsympathisch, als da plötzlich nasse Tropfen herauskommen. Das wollte ich erreichen. Ich verschwinde unter der Dusche und nehme den quiekenden Welpen in Kauf. Da muss er nun durch. Wirklich entspannen kann ich jedoch nicht. Mir geht alles durch den Kopf, was er nun wohl anstellen könnte: auf meinen weißen Teppich pinkeln oder gar ein Häufchen darauf absetzen, meine Holzmöbel annagen und mehr.

Bald lerne ich das nervtötende Gequietsche zu schätzen. Mit einem Welpen ist es nämlich ähnlich wie mit einem kleinen Kind. Sobald es ganz still wird, frisst er höchstwahrscheinlich irgendetwas aus. Um es auf den Punkt zu bringen: Ich brauche eine Woche Zeit, um mich an das Leben mit einem jungen Hund zu gewöhnen. Teilweise bin ich so überfordert, dass ich mir schwöre, nie wieder einen Welpen anzuschaffen. Doch bald pendelt sich unser Alltag ein. Ich merke an seinem Verhalten, wann Emil sein Geschäft verrichten muss, und gebe mein Bestes, ihn möglichst schnell stubenrein zu bekommen. Dafür muss ich ihn natürlich stets im Auge behalten, was aber nicht wirklich schwer ist, da er mir sowieso auf Schritt und Tritt folgt.

Bei meinen Revierrunden folgt mir der Kleine so selbstverständlich, dass ich mich oft gar nicht mehr umdrehe, um

Für Sophia war es aus Tierschutzgründen wichtig, einen spurlauten Hund für die Stöberjagd zu haben. Deshalb kam ein Laika, wie er hier zu sehen ist, bei der Wahl des Jagdhundes nicht in Betracht.

mich zu vergewissern, ob er noch da ist. Und so geschieht es eines Tages, dass ich in Gedanken versunken über einen umgestürzten Baumstamm steige und weiterlaufe. Plötzlich beginnt Emil hinter mir herzzerreißend zu winseln. Ich drehe mich um und sehe hinter dem Stamm immer wieder sein kleines Köpfchen mit den im Verhältnis dazu riesigen Ohren hervorhüpfen.

Der Kleine versucht mir natürlich auf direktem Wege zu folgen. Mit seinen kurzen Beinchen gelingt es ihm jedoch nicht, über den Stamm zu klettern. Darunter hindurchkriechen kann er auch nicht, da der Baum direkt auf der Erde liegt. Der junge Emil ist auch noch nicht schlau genug, sich einen Weg links oder rechts um den Baum herum zu suchen. Also drehe ich um und helfe dem Dackelchen über den Baum. Freudig und mit wedelndem Schwänzchen hüpft er nun vor mir her.

Doch wozu eigentlich ein Hund und dann auch noch einen Dackel? »Jagd ohne Hund ist Schund«, hieß es schon während meiner Jagdausbildung mehrfach. Wie viel Wahrheit in Wirklichkeit hinter diesem Sprichwort steckt, erfuhr ich, als ich meine ersten jagdlichen Erfahrungen – ohne Jagdhund – sammelte. Stundenlang musste ich teilweise durch dichte Fichten suchen, bis ich endlich das beschossene Reh fand.

Obwohl es einen tödlichen Treffer hatte, flüchtete es noch einige Meter. Doch durch die Fichten hatte ich keine Möglichkeit, dem Wild nach dem Schuss so weit hinterherzuschauen, um zu sehen, wo genau es sich niedertat. Ein Hund verlässt sich im Gegensatz zu uns Menschen nicht auf seine Augen, sondern er geht einfach der Nase nach und ist so flink und auf schnellstem Wege beim erlegten Tier.

Das ist einer der Gründe, weshalb ich unbedingt einen Jagdhund wollte: Um zum Beispiel ein Reh zu finden, das einen sicheren Lungentreffer hat, also tödlich getroffen ist, aber noch einige Meter geflüchtet ist. Unter Jägern wird das Totsuche genannt. Für angeschossene Tiere braucht es einen Profi, den ich im Zweifel immer rufen kann, bisher aber glücklicherweise erst einmal benötigt habe. Zusätzlich zu einfachen Totsuchen, die eigentlich jede Hunderasse meistern kann, sofern der jeweilige Hund eine entsprechende Ausbildung genossen hat, wollte ich einen Hund haben, mit dem ich auch an Drückjagden teilnehmen kann.

Nun wurde es schon etwas komplexer und bei diesem Schritt schloss ich bereits einige Rassen aus. Während die Hunde das Wild treiben, wird unterschieden in stumm jagende und laut jagende Hunde. Es ist fast selbsterklärend, dass die einen eben völlig leise und die anderen laut und kräftig bellend durch den Wald rennen, wenn sie auf der Spur eines Wildtieres sind. Bei den laut jagenden Hunden wird unterschieden in Spur- und Sichtlaut. Spurlaute Hunde bellen, wenn sie zum Beispiel auf der frischen Spur eines Hasen sind, der aber bereits außer Sichtweite ist. Sichtlaute Hunde bellen nur dann, wenn sie so dicht am Wild dran sind, dass sie es sehen können.

Da die Art des Lautgebens auch mit der Genetik zusammenhängt, stellt sie ein Merkmal für verschiedene Rassen dar. So sind zum Beispiel Hunde der Rasse Laika größtenteils stumm jagende, Teckel hingegen meist spurlaute Hunde. Für mich war klar, dass ich einen spurlauten Hund möchte, da es meiner Meinung nach am tierschutzgerechtesten ist. Dies ist recht einfach zu erklären. Versuchen Sie sich einmal in die Situation eines Rehs hineinzuversetzen. Plötzlich knackt es hinter Ihnen und ohne jede Vorwarnung ist ein Hund hinter Ihnen her – ein stumm jagender. Sie würden im wahrsten Sinne des Wortes panisch um Ihr Leben rennen. Bei einem spurlaut jagenden Hund dagegen würden Sie bereits das Geläut in der Ferne hören und sich vielleicht sogar noch überlegen, ob Sie erst einmal abwarten und prüfen, ob es näher kommt oder sich wieder entfernt, bevor Sie sich in Bewegung setzen. Diese Hunde bereiten dem Wild wesentlich weniger Stress, je nachdem, wie schnell sich der Hund nähert. Dazwischen liegt der sichtlaut jagende Hund.

Für mich stand direkt fest, eine spurlaut jagende Rasse muss ins Haus. Teckel, Terrier und Kleiner Münsterländer standen in der engeren Auswahl. Eigentlich war mir der Münsterländer von Beginn an zu groß, trotzdem liebäugelte ich mit dieser Rasse, weil ich schon einige Kleine Münsterländer bei ihrer Arbeit begleitet habe und stets begeistert war. Die verschiedenen Terrierarten haben mir zwar jagdlich häufig gut gefallen, jedoch sind sie beim Spazierengehen oft schwer zu handeln, weil sie doch gerne einmal einer Fährte folgen und ich den Spaziergang dann allein fortsetzen müsste. Das liegt an der bewusst gezüchteten Wildschärfe. Zudem sind sie häufig energiegeladen und temperamentvoll, da ich den Hund aber mit ins

Büro nehme, ist mir ein ruhiger Hund mit einem ausgeglichenen Wesen lieber. Dass mir später auch die Erziehung meines Teckels in puncto Gehorsam einiges abverlangen würde, sollte ich noch erfahren.

Bei den Teckeln ist es so, dass nicht vorhandener Spurlaut schon seit Jahrzehnten zum Zuchtausschluss führt. Daher ist die Chance, einen spurlauten Vierläufer zu bekommen, sehr hoch. Vor allem bei einem Welpen aus der jagdlichen Gebrauchshundezucht. Klein und handlich sind sie zudem auch. Sie bieten einen weiteren Vorteil, der andererseits auch ein Nachteil ist: Da sie zu der Gruppe der Erdhunde gehören, wird mit ihnen auch die Baujagd betrieben, eine Jagdart, die mit einem großen Hund nicht funktionieren würde, da er naturgemäß nicht in einen Fuchsbau hineinpasst.

Damals war es nicht mein Ansinnen, einen Hund speziell für die Baujagd zu bekommen, doch mittlerweile habe ich an dieser Jagdart Gefallen gefunden. Obwohl es für viele nicht nachvollziehbar ist, finde ich es wichtig, dass das Raubwild bejagt wird. Dank der modernen Landwirtschaft gibt es nicht mehr viele Rückzugsorte für unser Niederwild wie Hase, Fasan und Rebhuhn. Zum einen werden die Felder immer größer und die sie umgebenden Hecken sowie die Brachflächen zunehmend weniger, dann kommen die vielen Dünge- und Spritzmittel hinzu, und zu guter Letzt sind es die großen Mäh- und Erntemaschinen, die mit ihrer hohen Geschwindigkeit dem Niederwild kaum noch eine Flucht ermöglichen. Deshalb sollten seine größten Feinde, die selbst keinen natürlichen Feind mehr haben, bejagt werden. Dazu gehören zum Beispiel Fuchs, Dachs und Marder. Außerdem können die Felle, wir Jäger nennen die Felle des Raubwilds Bälge, nach dem Gerben zu diversen erstklassigen (Kleidungs-)Stücken verarbeitet werden. Doch dazu später mehr.

Obwohl bei den meisten Jagdhunden bereits vieles angewölft, also genetisch veranlagt ist und darüber hinaus durch Zucht bewusst einiges in bestimmte Bahnen gelenkt wird, so gibt es doch einiges, was dem jungen Hund erst beigebracht werden muss. Außerdem müssen seine Anlagen gefördert werden. Schön wäre es natürlich, wenn der Gehorsam genetisch bedingt wäre, das ist aber leider nicht so. Also beginne ich mit meinem Teckelchen mit Sitz, Platz, bei Fuß und den üblichen Kommandos. Die richtige jagdliche Ausbildung beginnt erst mit etwa einem halben Jahr, wenn er sein Milchgebiss verloren hat und die neuen Zähne gänzlich vorhanden sind. Jagdlich fördere ich bis dahin nur seine Anlagen, also das, was er von sich aus mitbringt, könnte man sagen.

Das ist zum Beispiel seine hervorragende Nase. Von einem kürzlich erlegten Hirsch nehme ich einen Lauf, also den unteren Teil eines Beines samt Schalen, also Hufen beziehungsweise Klauen, und ziehe diesen etwa zehn bis fünfzehn Meter über den Waldboden hinter mir her. Am Ende lasse ich den Lauf liegen, er soll als Belohnung dienen, wenn der Hund die Fährte sauber gearbeitet, also mit seiner Nase verfolgt hat. Vor allem bei einem jungen Hund muss das Ende stets positiv besetzt sein, damit er lernt: »Oh, wenn ich mit Frauchen arbeiten soll, gibt's am Schluss immer was ganz Tolles!« So hat der Hund auch Freude an der Arbeit und wird weiter motiviert.

Ich setze Emil dort an, wo ich begonnen habe den Lauf zu ziehen, und zeige mit dem Finger direkt auf den Boden. Mit Ansetzen ist das Heranführen des Hundes an die Fährte gemeint. Das kleine Näschen geht sofort runter und instinktiv

»Flying Emil« – auf Sophias Rückrufsignal flitzt Emil freudig zu ihr zurück.

folgt der Welpe dem Geruch. Es ist faszinierend, wie schnell er dabei ans Ziel gelangt und den Lauf freudig packt und mit sich schleift.

Neben der Nasenarbeit soll Emil lernen, mit Reizen umzugehen. Dafür nehme ich mir einen etwas dickeren, langen Stock und binde an das eine Ende des Stockes eine längere Schnur. An deren Ende befestige ich beispielsweise eine Fuchslunte, also einen Fuchsschwanz. Das Ganze nennt sich Reizangel. Mit der Reizangel kann ich den Jagdtrieb des Junghundes fördern. Die Reizangel sollte stets nur kurz und nicht zu häufig eingesetzt werden. So, dass der junge Hund zur Schonung seiner noch jungen Gelenke beim Training keine allzu heftigen Wendungen oder hohen Sprünge machen muss, darf er dabei dem »Tanz« der Fuchslunte folgen. Bei den ersten Einsätzen der Reizangel werden vorwiegend Raubwildlunten, Krähenschwingen oder Teller von Schwarzwild eingesetzt. Durch das gemeinsame Spiel wird der junge Hund schnell auf die anfänglich unangenehm duftenden Wildarten konditioniert. Erst danach sollten Balgstücke von für den Hund eher angenehm riechendem Kanin oder Hase beziehungsweise Schwingen von Enten genutzt werden. Ihnen wird der Vierläufer liebend gern folgen und sich ohne Probleme auf die angenehme Witterung konzentrieren.

Später, wenn der Hund ausgewachsen ist, dient die Reizangel als ausgezeichnetes Hilfsmittel, um den Gehorsam zu üben. Zum Beispiel soll Emil sich später auf dem Hochsitz ruhig verhalten, auch wenn er Wild sieht. Dies nennt sich Standruhe. Um diese zu trainieren, beginne ich in kleinen Schritten: Für den Teckel ist der Reiz extrem hoch, dem entsprechenden Gegenstand an der Reizangel nachzujagen. Er soll nun lernen, sich zu beherrschen und trotz der verlockenden Bewegung still liegen zu bleiben. Ich lege Emil auf seine Decke und bitte eine weitere Person, weit entfernt die Reizangel langsam zu bewegen. Bleibt Emil liegen, wird er von mir belohnt, springt er auf, muss die andere Person sofort innehalten und ich lege Emil wieder auf seinen Platz. Macht der junge Hund das gut, wird der Abstand zur Reizangel nach und nach verkleinert.

Einmal in der Woche gehen wir in eine Welpen- und später Junghundegruppe. Dorthin gehen wir nicht nur, damit Emil Sitz, Platz und weitere Kommandos kennenlernt. In erster Linie geht es um den sozialen Kontakt mit Gleichaltrigen. Mir ist es wichtig, dass ich später einen Hund habe, den ich möglichst überallhin mitnehmen kann und der sich auch mit anderen Vierläufern versteht. Je mehr und je früher der kleine Racker gleichaltrige und auch ältere Hunde kennenlernt, desto eher weiß er, wie er mit anderen Hunden umzugehen hat und wie er sich ihnen gegenüber korrekt verhält. Er lernt, wie er auf andere Hunde zugehen muss, wie er sich unterordnet und wann ihm ein anderer Hund kommuniziert, dass er besser auf Abstand gehen sollte.

Ganz wichtig ist dabei aber, darauf zu achten, dass dem Welpen (und später dem Junghund) möglichst nur positive Erlebnisse widerfahren. Ein negatives Erlebnis, wie zum Beispiel ein Biss durch einen anderen Hund, kann nämlich genau das Gegenteil bewirken. Der junge Hund könnte sich dadurch zu einem aggressiven Angstbeißer entwickeln. Dass sich die Welpen im Kurs gegenseitig angehen, ist sehr unwahrscheinlich, da die Kleinen alle noch unvoreingenommen und recht verspielt sind. Es liegt in der Verantwortung der Trainerin, ein Auge darauf zu haben, dass die Hunde ein faires Spiel miteinander spielen.

Gerade in den ersten paar Monaten müssen vor allem die Welpen größerer Hunderassen lernen, dass sie mehr Kraft und Gewicht haben als zum Beispiel ein Dackel, wie Emil einer ist. Die Münsterländer und Golden Retriever in unserem Kurs haben das recht schnell kapiert, da unsere Trainerin direkt intervenierte, wenn die Großen zu heftig mit den Kleinen umgingen.

Wenn ich auf gemeinsamen Spaziergängen mit Emil auf fremde Hunde treffe, bitte ich die Halter, ihren Hund zu sich zu nehmen. Wenn ich Mensch und Tier nicht kenne, gehe ich auf Nummer sicher. Viele ausgewachsene Hunde haben noch nie Kontakt zu einem Welpen gehabt und könnten durchaus ungehalten reagieren, wenn der Kleine etwa wie ein Flummy an ihnen hochhüpft. Solche Situationen nutze ich gerne gezielt als Übung und lasse Emil Sitz oder Platz machen, bis der andere Hund an ihm vorbeigelaufen ist. Dabei soll er lernen, dass wir nicht jeden Hund begrüßen, und wenn doch, dann nur auf mein Kommando hin. Sowieso meide ich den Kontakt an der Leine. Diese dient der Führung und bietet dem jungen Hund Sicherheit. Lernt der junge Vierläufer von Anfang an, dass er an der Leine nicht spielen darf, wird das Zerren an der Leine, sobald er Artgenossen als mögliche Spielkameraden sieht, weitestgehend unterbunden.

Ganz besonders seit ich selbst einen Hund führe, achte ich sehr darauf, wie andere Hunde in gewissen Situationen reagieren. Oft sehe ich, dass Hunde absolut überambitioniert in der Leine hängen, Herrchen oder Frauchen hintendran, wenn etwa ein anderer Hund, ein Fahrrad oder auch ein Auto den Weg kreuzt. Das kann für Hund und Halter sehr gefährlich werden. Ich möchte auf jeden Fall verhindern, dass sich Emil so entwickelt, und achte daher entsprechend genau auf sein Verhalten in diesen Situationen. Eigentlich ist es auch gar nicht so schwer. Das Zauberwort nennt sich Impulskontrolle.

Wenn ich merke, dass Emil in gewissen Situationen dem Objekt seiner Begierde hinterherstürmen möchte, führe ich ihn genau an diese Situation achtsam heran. Anfangs fand er Kinder auf Fahrrädern sehr spannend. Da ich vorbereitet war, nutzte ich jede Gelegenheit, wenn mir ein Rad entgegenkam. Ich ließ Emil mit Blick zu mir und seinem Rücken zum Rad absitzen. So war nur noch die Gefahr gegeben, dass er das Rad hörte, nicht aber sah. Es reichte, dass Emil erst kapierte, dass

Klein-Emil ganz in seinem Element – auch durch Spielen lernt ein Jagdhund für sein späteres Leben.

ein Rad gerade an ihm vorbeifuhr, als es sich schon wieder entfernte. Bevor er daraufhin Laut geben konnte oder Anstalten machte hinterherzuflitzen, gab ich ihm das Kommando zum Platz, um ihn abzulenken. Es klappte. Heute läuft er ohne jede Regung weiter brav bei Fuß, wenn uns ein Radfahrer entgegenkommt oder überholt.

Natürlich kostet das Arbeit und Zeit, aber lieber investiere ich jetzt am Anfang etwas mehr Zeit und Energie und kann später entspannt spazieren gehen, als dass ich mich fünfzehn Jahre lang herumärgern muss. Genauso ist es auch mit dem Platz. Emil hat von Anfang an gelernt, dass er so lange liegen bleiben muss, bis ich ihm erlaube, wieder aufzustehen. Natürlich habe ich mit diesem Training in winzig kleinen Schritten begonnen.

Anfangs waren es nur Sekunden, mittlerweile haben wir das entsprechend lange ausgedehnt. Da Emil mich jeden Tag mit ins Büro begleiten darf und ich ihn nicht einsperren oder anleinen möchte, weiß er, dass er dort auf seinem ihm zugewiesenen Platz liegen zu bleiben hat – auch wenn andere mein Büro betreten oder ich gerade einen Termin habe. Kommt von mir das Kommando »Lauf!«, springt er freudig aus seinem Körbchen und er weiß, dass es nun mit seinen Hundekumpels zur Mittagsrunde oder in den wohlverdienten Feierabend geht.

Bereits mit zehn Monaten stört es Emil meist gar nicht mehr, wenn jemand hereinkommt, den er nicht kennt, es sei denn, er hört die Stimme eines Kollegen, den er besonders mag. Dann setzt er sich auf und schaut mich fragend an. Auf mein Kommando hin schießt er los oder er legt sich mit einem tiefen Seufzer wieder hin, wenn von mir kein entsprechendes Kommando kommt und er akzeptiert hat, dass auch sein trauriger Dackelblick nichts daran ändert.

Im Großen und Ganzen lernt ein Jagdhund im ersten halben Jahr nichts anderes als das, was jeder andere Hund auch lernen sollte. Erst nach dem Zahnwechsel geht es so langsam mit der eigentlichen jagdlichen Ausbildung los. Und dann kann der Hund ein Leben lang lernen, so wie wir Menschen das auch tun.

Jagdhunde-**ausbildung**

Um auf der Jagd erfolgreich zu sein, muss sich der Hund vor allem auf dem Hochsitz ganz besonders diszipliniert verhalten. Gerade für einen Jagdhund ist es sehr schwer, entgegen seinem Jagdtrieb ruhig zu bleiben. Das ist aber von höchster Wichtigkeit. Denn wenn der Hund unruhig wird und zu bellen beginnt, ist das Wild schneller fort, als es gekommen ist. Standruhe bedeutet, dass der Hund trotz der Nähe von Wild, des Fallens, eines Schusses oder anderer Beunruhigungen still auf oder unter dem Hochsitz liegen bleibt beziehungsweise neben seinem Hundeführer verharrt. Das erfordert viel Geduld, Ausdauer und Konsequenz.

Wann und wie das dem Hund beigebracht werden soll, dafür gibt es verschiedene Ansätze. Manche sagen, für den jungen Hund sind das viel zu viele Reize, der Prozess der Pubertät muss erst vollkommen abgeschlossen sein, bis er das erste Mal mit auf den Ansitz darf. Das Problem ist dann allerdings, dass der Hund bei dieser Konstellation in der Regel bereits am richtigen jagdlichen Einsatz teilgenommen hat. Das heißt, er durfte schon nach Wild stöbern. Nun ist es verständlicherweise viel schwieriger, dem trotzdem noch jungen Hund zu erklären, dass er nun gerade auf dem Hochsitz dem Wild nicht mehr bellend nachstellen darf.

Ich habe es daher so gemacht, dass ich Emil fast von Beginn an immer mit dabeihatte. Dafür muss er natürlich schussfest sein. Das bedeutet, er darf keine Angst haben, wenn es knallt. Das haben wir vorher mit einer Flinte ausprobiert. Erst über mehrere Hundert Meter Distanz, dann haben wir den Abstand immer weiter verringert. Da er sich durch die Schüsse nicht beirren ließ, habe ich ihn mit etwa drei Monaten das erste Mal mit auf den Ansitz genommen.

Was bei einem so kleinen Hund sehr praktisch ist: Er ist sehr leicht zu »verstauen«. Ich habe einen wundervollen Hunderucksack aus Loden. Diesen kennt Emil bereits und er fühlt sich darin pudelwohl, besser gesagt dackelwohl. Um einen solchen Rucksack sicher zu deponieren, benutzt man eine oder mehrere kleine Schrauben, die in die Holzwand des Hochsitzes gedreht werden. Daran lässt sich der Rucksack dann geschickt aufhängen. Mit dem Rucksack (und Emil) auf dem Rücken steige ich dann auf die Kanzel. Oben angekommen, hänge ich Emil erst einmal in ein Eck, in dem er nicht stört. Es dauert auch nicht lange, da zieht er den Kopf in den Rucksack zurück und nur ein sanftes Schnarchen verrät, dass hinter dem Loden ein kleines Hundekind schlummert.

Ich richte mich entsprechend auf der Kanzel ein und suche dann immer wieder mit dem Fernglas die Wiese nach Wildschweinen ab. Obwohl die Sonne bereits vor über einer Stunde untergegangen ist, ist es recht hell. Der Vollmond, unter Jägern auch Schweinesonne genannt, wirft genügend Licht, um auf Sauen jagen zu können. Plötzlich wird es unruhig. Vor uns befindet sich eine Kirrung mit Mais. Doch anstatt der erwarteten Sauen tummeln sich plötzlich sechs Waschbären dort unten und beginnen sich lautstark um die heiß begehrten Maiskörner zu streiten.

Da wird Emil plötzlich hellhörig. Flugs taucht sein Kopf aus dem Rucksack hervor und er beginnt in hohen Tönen Laut zu geben. Ein kurzes Aufzischen meinerseits, begleitet von einem kurzen Ziepen an seinem Behang, vermittelt dem Welpen, dass er sich gerade falsch verhalten hat. Fast beleidigt lässt er den Kopf hängen, zieht ihn aber erst einmal nicht wieder in den Rucksack zurück. Vielleicht hat er Angst, etwas zu verpassen.

Obwohl die Zankhähne an der Kirrung weiter geräuschvoll um den Mais streiten, verhält sich Emil still. Er hat recht schnell begriffen. Langsam schlummert er wieder ein. Plötzlich scheint ihn etwas zu wecken. Sein Näschen hebt sich in die Luft. Was wittert er wohl? Ich nehme mein Fernglas hoch. Und siehe da: Auf der Wiese steht ein Bock. Ohne den Welpen hätte ich ihn vielleicht gar nicht bemerkt. Ich beobachte das Böckchen eine ganze Zeit lang. Emil wird es langweilig oder kalt, jedenfalls zieht er seinen Kopf wieder in den Rucksack zurück und döst erneut ein.

Dann plötzlich, wir sitzen mittlerweile schon zweieinhalb Stunden, ziehen die erhofften Sauen aus dem Wald auf die Wiese. Es sind drei Stück. Alle etwa gleich groß. Da sie noch recht weit weg sind, etwa zweihundert Meter, warte ich noch etwas, bis ich schieße. Vorsichtig nehme ich aber die Waffe schon hoch und richte mir eine bequeme und gute Schießposition ein. Als die Sauen etwa achtzig Meter in unsere Richtung gezogen sind, mache ich mich bereit. Ich konzentriere mich auf einen sauberen Schuss.

Ich atme tief durch. Beim Ausatmen ziehe ich am Abzug. Es rumst. Die Sauen sind von der Bildfläche verschwunden und der kleine Welpe schläft noch immer friedlich. Er hat den Schuss wohl gar nicht gehört. Ich bleibe noch ein wenig sitzen und informiere den Pächter über den Schuss. Dann sammle ich meine Utensilien zusammen, nehme Emil wieder auf den Rücken und wir machen uns auf in Richtung Anschuss.

Die Sau ist, tödlich getroffen, an Ort und Stelle verendet und liegt im hohen Gras. Die erste Sau, die ich gemeinsam mit meinem Hund Emil erlegt habe. Und es sollen noch viele weitere folgen. Doch nach diesem ersten gemeinsamen Ansitz hat der kleine Hund noch lange nicht verinnerlicht, was Standruhe bedeutet. Vor allem mit dem Einsetzen der Pubertät wird es erst richtig anstrengend.

Als Emil etwas über sechs Monate alt ist, gehen wir zusammen auf eine Ansitzleiter. Das ist quasi eine Holzleiter, die an einen Baum gelehnt ist und oben eine Sitzfläche hat. Emil kann das herannahende Wild also nicht nur riechen und hören, sondern auch sehen. Als es in den Buchen vor uns zu rascheln beginnt, spitzt der junge Hund seine Ohren. Aufmerksam beobachtet er die Umgebung. Plötzlich tritt ein Reh zwischen den Bäumen hervor und gelangt dadurch in unser Blickfeld. Bei diesem Anblick beginnt Emil zu fiepsen.

Ich zische ihn leise, aber deutlich an und versuche ihm zu erklären, dass er sich ruhig verhalten muss. Das ist recht schwierig, da ich natürlich das Reh nicht vertreiben möchte. Nach ein paar Minuten wird es dem Reh zu unruhig. In hohen Sätzen springt es in die Richtung zurück, aus der es gekommen ist. Dabei reißt Emil der Geduldsfaden. Er kann nicht mehr an sich halten und fängt lautstark an zu kläffen. Das geht natürlich gar nicht. Was ich ihm nun genauso lautstark erkläre.

Es braucht ein paar Minuten, bis er sich wieder beruhigt hat und wir den Ansitz weiter genießen können. Tatsächlich traut sich noch ein weiteres Reh auf die Bildfläche. Es zieht etwa hundert Meter hinter uns durch den Hochwald. Emil scheint es nicht mitbekommen zu haben. Als es dunkel wird, gehen wir zurück zum Auto.

Zwei Monate später haben wir ein ähnliches Erlebnis. Emil darf wieder in seinem Rucksack Platz nehmen. Auf meinem

Rücken trage ich ihn auf den Hochsitz. Ich habe noch nicht einmal die Leiter erreicht, als er zu zittern beginnt. Oben angekommen, suche ich die gesamte Wiese mit meinem Fernglas ab. Ich bin mir sicher, dass irgendwo Wild steht. Doch ich kann keines ausmachen. Emil zittert noch immer wie Espenlaub. Da muss doch etwas sein …

Und tatsächlich, wir sitzen schon etwa fünf Minuten, als es unter dem Sitz zu rascheln beginnt. Ein Böckchen lag dort und hat sich durch unsere Anwesenheit nicht beirren lassen. Wir sind direkt neben ihm die Leiter hochgestiegen, ohne es zu entdecken. Doch dann scheint es ihm doch zu viel geworden zu sein. In hohen Sätzen springt der junge Bock über die Wiese. Am Waldrand verhofft er noch einmal kurz. Dann verschwindet er unter Emils kläffender Begleitung. Dem Jungspund erkläre ich ein weiteres Mal, dass es so nicht geht.

Eine halbe Stunde später bekommt er die Chance, sein Verhalten noch einmal unter Beweis zu stellen. Ein Kitz zieht etwa fünfzehn Meter vom Sitz entfernt über die Wiese. Emil zittert zwar, kann sich aber beherrschen. Etwa zehn Minuten ist das Rehkitz in unserem Sichtfeld, der junge Hund ist zwar angespannt, aber er verhält sich ruhig. Vielleicht hat er schon ein wenig kapiert, worauf es ankommt. Doch das kann sich während der Pubertät stündlich ändern. Eines weiß ich jetzt: Vor uns liegt noch ein großes Stück Arbeit.

Wie bereits im vorherigen Kapitel erläutert, sind die Dackel bekannt dafür, spurlaut zu jagen, also Laut zu geben, wenn sie nur den Geruch der frischen Fährte in die Nase bekommen, das Wild selbst aber nicht sehen. Der Spurlaut und die Schussfestigkeit sind die ersten Dinge, in denen die Teckel geprüft werden. Schussfest ist Emil ja bereits. Es bedeutet, dass der

Um den noch jungen Emil auf der Hasenspur einzuarbeiten, sind die beiden bis nach Luxemburg gefahren – in ein Revier mit hohem Hasenbesatz.

Hund keine Angst vor dem Schuss beziehungsweise dem Schussknall hat. Er sollte am besten gar nicht darauf reagieren, also so, als hätte er den Schuss gar nicht gehört. Neben der Schussscheue gibt es auch das andere Extrem, nämlich die Schusshitze. Schnell verknüpft ein Hund den Schuss mit der Beute und beginnt auf den Schuss hin aufgeregt und oft unkontrolliert nach Wild zu suchen. Auch das ist kontraproduktiv bei der Jagd und muss dem Hund schnell wieder abgewöhnt werden.

Aber zurück zum Spurlaut. Dieser wird auf einer Hasenspur geprüft. Das läuft folgendermaßen ab: In einem Feld oder auf einer Wiese wird nach einem Hasen gesucht. Sobald einer gefunden wurde, wird der junge Hund so weit in dessen Nähe getragen, dass er Meister Lampe nicht sehen kann. Der Richter geht gleichzeitig in Richtung des Hasen, woraufhin dieser meist die Flucht ergreift. Sobald der Hase außer Sichtweite ist, wird der Vierläufer dorthin gesetzt, wo der Richter den Hasen hochgemacht hat. Der Hund soll nun mithilfe seiner Nase die Spur verfolgen und dabei den genetisch veranlagten Spurlaut geben.

Mit etwa vier Monaten setze ich Emil das erste Mal auf einen Hasen an. Er sucht zwar schön mit der Nase und arbeitet auch die Spur richtig aus, aber er will noch nicht so richtig Laut geben. Häufig sind die jungen Hunde noch überfordert und konzentrieren sich auf das Ausarbeiten der Spur, ohne dabei Laut zu geben. Also lasse ich Emil noch einmal vier Wochen Zeit, bis ich ihn das nächste Mal ansetze. Doch auch da ist er noch nicht so weit und arbeitet die Spur stumm.

Bei der Hasenspur gibt es zwei Probleme: Erstens sind unsere Hasenbesätze in Deutschland nicht mehr wirklich hoch, das bedeutet, dass es nur noch wenige Reviere mit Hasen gibt, und zweitens muss mir der Jagdpächter die Erlaubnis für diese Art Training geben. Ich kann den Hund also nicht einfach auf eine Wiese setzen, auf der ich gerade einen Hasen sehe. Das wäre Jagen ohne Erlaubnis, das heißt, mein Hund würde streng genommen wildern.

Und so kommt es, dass ich an einem warmen Septembertag, es ist ein Freitag, nach Luxemburg fahre und meine Freundin Larissa besuche, deren Vater ein Revier mit einem hohen Hasenbesatz gepachtet hat. Gemeinsam ziehen wir noch am selben Abend los und laufen die Felder ab, um Hasen ausfindig zu machen. Die Sonne scheint, aber leider lässt sich kein Mümmelmann den Pelz wärmen. Doch da, wir sind bereits eine Stunde gelaufen, springt plötzlich einer ab. Allerdings einige Hundert Meter entfernt und in Richtung Straße. Da kann ich Emil nicht ansetzen. Die Gefahr, dass er vor ein Auto läuft, ist viel zu groß. Also suchen wir weiter. Leider vergebens. An diesem Abend kehren wir quasi als Schneider heim – das nennen wir Jäger so, wenn wir sagen wollen, dass wir an diesem Tag keine erfolgreiche Jagd hatten.

Am nächsten Morgen stehen wir früh auf, um in der Morgensonne erneut nach Hasen zu suchen. Es ist zum Verzweifeln. Larissa ist eine sehr witzige und liebenswerte Person und in ihrer Verärgerung über die Situation brummelt sie in luxemburgisch angehauchtem Deutsch: »Isch hasse das! Hei setzen emmer iwerall Huesen, an wann een se brauch, sin se all fort!«

Nach etwa zwei Stunden brechen wir die Suche ab, als Larissa plötzlich stehen bleibt. »Komm schnell, da ist einer!«, ruft sie und rennt los. Emil und ich laufen flugs hinterher. Dank Emils kurzen Beinchen kann er den Hasen nicht sehen, der bereits das Weite sucht. An der Stelle angekommen, an der der Hase gerade noch in der Sasse saß, schicke ich den fast acht Monate alten Teckel los. Er nimmt die Spur sofort auf und lässt auch ein paar zögerliche »Wiffwiffs« hören.

Dann kommt er an die Stelle, an der der Hase einen Haken geschlagen hat. Der junge Hund scheint etwas verwirrt. Konzentriert darauf, die Spur wiederzufinden, sucht er mit tiefer Nase. Das Bellen vergisst er dabei. Unsicher schaut er auf und will schon in meine Richtung kommen, als er die Spur plötzlich wieder in die Nase bekommt. Er nimmt Fahrt auf und folgt ihr weiter, leider gibt er jetzt keinen Laut mehr von sich.

Den nächsten Haken meistert er schon souveräner. Danach geht es über einen Teerweg in ein Feld. Dort rufe ich Emil wieder zu mir. »Der wird«, sagt Larissa, »er muss nur noch ein wenig mehr Trieb bekommen, aber der wird laut! Super, dass er auch über den Teer hinweg ist, das ist nicht einfach, weil dort der Geruch weniger haften bleibt!« Insgesamt bin ich sehr zufrieden mit Emils Leistung. Für die Prüfung reicht es zwar noch nicht, aber er wird sich noch entwickeln, und er ist ja auch noch jung. Auch wenn Larissa sich geärgert hat, dass wir nur einen Hasen gefunden haben, fahre ich sehr zufrieden heim. Einer ist doch immer noch besser als keiner. Und nicht ganz nebenbei: Emil hat wenige Monate später die Spurlautprüfung erfolgreich absolviert!

Jagdhorn
war früher …

An einem sonnigen Juniabend sitze ich gemeinsam mit meinem Dackel Emil auf einer Kanzel in einem kleinen, aber feinen Revier im Taunus. Ich warte auf ein ganz bestimmtes Reh. Seit mehreren Wochen beobachten mein Jagdherr Michael und ich dort einen Jährling – ein männliches Reh, das im Vorjahr gesetzt wurde –, der von den älteren Böcken hin und her getrieben wird. Der Jagdherr ist derjenige Jäger, der auf der entsprechenden Fläche das Jagdrecht gepachtet hat. Er ist dort verantwortlich für die Hege und Pflege des Wildes. Dazu darf er weiteren Jägern eine Jagdgenehmigung erteilen. Und auch ich habe von Michael eine solche erhalten.

Der Jährling hat nur drei Zentimeter lange Spießchen auf und wird von den Älteren nicht geduldet. Die kurzen Spieße, die eigentlich schon lauscherhoch, also so hoch wie die Ohren, sein könnten, sind noch ganz im Bast – das sind Indikatoren dafür, dass sein Stoffwechsel durcheinandergeraten zu sein scheint. Möglicherweise durch den Stress, den ihm die anderen Böcke bereiten, da er nicht in Ruhe Nahrung zu sich nehmen kann und immer wieder vertrieben wird. Der Körper hat durch die unzureichende und unter Druck stattfindende Nahrungsaufnahme keine Energie für das Gehörn, das Böckchen ist in der Entwicklung gehemmt.

Verträumt sitze ich auf der Kanzel und genieße die letzten Sonnenstrahlen. Plötzlich hält mein Dackel Emil seine Nase in den Wind und wittert. Starr schaut er in eine Richtung. Jetzt höre auch ich ein Rascheln im Gebüsch. Ist es der gesuchte

Bock? Nein, ein kürzlich gesetztes Kitz mit weißen Punkten springt aus dem Wald auf die Wiese. Es ist immer wieder erstaunlich, wie schnell solche Tierchen doch das Laufen lernen. Wir Menschen benötigen dazu meist über ein Jahr. Kurz darauf tritt auch die Mutter, die Ricke, aus. Fröhlich hüpft das Kleine um seine Mama, die mal hier und mal dort ein Blättchen abzupft und es allem Anschein nach genüsslich nascht – in der Jägersprache wird das Äsen speziell beim Rehwild auch gern als Naschen bezeichnet, da die Rehe als sogenannte Konzentratselektierer leicht verdauliches Futter wie saftige Kräuter, Knospen oder junge Triebe bevorzugen, sie naschen also die besten Happen, die die Natur ihnen zu bieten hat.

Dann folgt noch ein zweites Kitz. Es hat Hunger und bedient sich an Mutters Milchbar. Schnell wie der Blitz kommt auch das andere heran und ich beobachte die beiden ganz in Ruhe. Ein herrlicher Anblick. Eine halbe Stunde darf ich der Familie noch zusehen. Dann zieht die Ricke davon, gefolgt von ihrem Nachwuchs.

Nur zwanzig Minuten vergehen, bis mein kleiner Wildanzeiger Emil wieder anschlägt. Noch bevor ich etwas bemerkt habe, zeigt der Vibrationsalarm im Hunderucksack, in dem ich Emil immer dabeihabe: Da kommt etwas! Erst fünf Minuten später höre ich, was Emil schon lange wahrgenommen hat. Es raschelt im Laub. Mit seinen Dackelohren hört er viel besser und vor allem seine Nase ist um Welten feiner als die des Menschen.

Dann nehme ich eine Bewegung im Gebüsch wahr, aus dem das Rascheln kam. Ein Rehhaupt taucht auf, darauf kleine Spieße. Ein kurzer Blick reicht, um zu erkennen, dass es der Gesuchte ist. Ganz vorsichtig nehme ich die Waffe hoch, lege sie auf den Sandsack, der immer in dieser Kanzel liegt, um eine stabile Auflage beim Schießen zu haben, und visiere. Noch steht der Jährling nicht frei. Der Körper ist hinter einem Busch versteckt. Er sichert. So nennt es der Jäger, wenn das Wild prüft, ob keine Gefahr droht. Überzeugt zieht er langsam auf die kleine Wiese. Er steht perfekt, sodass ich ihm einen sauberen Schuss direkt hinterm Schulterblatt antragen kann. Kaum habe ich den Abzug betätigt, liegt er auch schon an Ort und Stelle verendet da.

Langsam nehme ich die Waffe herunter. Emil hat den Schuss gehört und schaut mich mit seinen dunklen Dackelaugen an. »Und? Liegt es?«, scheinen sie zu fragen. Ich streichle ihm einmal über den Kopf und kraule seine langen Behänge. Das liebt er besonders. Sowohl meine Anspannung als auch die meines kleinen Jagdkameraden schwindet. Ein paar Minuten später habe ich meine Sachen zusammengepackt und steige die Leiter des Hochsitzes herunter. Auf meinem Rücken der Rucksack, aus dem der Dackel neugierig herausschaut.

Ihn bringe ich zuerst noch zum Auto und tausche ihn dort gegen mein Jagdhorn. Nicht immer, aber ab und an spiele ich auch allein, wenn mir danach ist. Ansonsten meist nur, wenn ich gemeinsam mit mehreren Jägern auf der Jagd bin, auf denen auch andere das Jagdhorn blasen. Gewohnheitsmäßig nehme ich das Handy aus der Tasche und schalte es wieder auf laut. Während der Jagd ist es immer auf lautlos gestellt, damit es mich und das Wild nicht stören kann. Dann mache ich mich auf den Weg zu dem Jährling. An der nächstbesten Fichte breche ich zwei Zweige ab. Einer davon soll der letzte Bissen für den jungen Bock werden.

Am Jährling angekommen, lege ich ihn auf die rechte Seite, so wie es Brauch ist. Den einen Fichtenzweig stecke ich in seinen

Äser. Mit dem anderen Zweig streiche ich einmal über den Bock, sodass er etwas mit Schweiß bedeckt ist, dann stecke ich ihn mir an die rechte Seite des Hutes, sodass die Oberseite der Fichtennadeln nach außen zeigt. Bei Beerdigungen, auf denen die Bläser dem Jagdkameraden meist mit der »Ehrenfanfare« sowie »Jagd vorbei – Halali« die letzte Ehre erweisen, wird es umgekehrt gemacht. Dort kommt der Bruch an die linke Seite des Hutes, mit der hellen Unterseite nach außen. Dann stelle ich mich hinter den Bock und setze mein Jagdhorn an die Lippen. Ich spiele das Signal »Reh tot«. Zu jedem Signal gibt es auch einen Text. Der Text zu diesem Signal lautet: »Bock ist tot! Bock ist tot! Einen Bock, den schieß ich gern, sechs Enden trägt sein Gehörn. Halali! Halali!« Mit diesem Halali endet jedes Totsignal.

Das Jagdhornblasen ist ein wichtiger Teil jagdlichen Brauchtums. Mit der Zeit lernt Sophia immer mehr Signale und Märsche.

Ton für Ton verlässt das goldene Horn. Der Wald nimmt die Melodie auf. Ganz ruhig wird es um uns herum. Alles scheint dem Klang zuzuhören und den Bock zu verabschieden. Nur Emil höre ich im Auto auch seinen Beitrag leisten. Er jault mit. Langsam lasse ich den letzten Ton ausklingen und nehme das Horn von den Lippen. Ich höre ihm nach, als die Stille und damit die Totenehre plötzlich durch ein Geräusch gestört wird, der Benachrichtigungston meines Handys zeigt mir an, dass eine Nachricht eingegangen ist. »Waidmannsheil zum Bock!«, steht in der Textnachricht, die mir mein Jagdherr geschickt hat. Er sitzt auch gerade im selben Revier an, hat mein Horn gehört und das Signal natürlich sofort erkannt.

In der modernen Zeit prallen Tradition und neueste Technik aufeinander. Früher wurde das Jagdhorn genutzt, um sich zu verständigen. Es klingt wie eine Trompete, hell und klar. Über weite Strecken konnte so Hilfe und Unterstützung gerufen werden. Auch die Treiberwehr, die bei Treibjagden durch den Wald läuft und das Wild beunruhigt, wurde so organisiert. Zum Beispiel mit dem Signal »Linker Flügel vor«, wenn die linke Seite der Kette zu langsam war.

In Sachen Verständigung hat heute das Handy dem Horn den Rang abgelaufen. Denn mit einem Mobiltelefon geht alles schneller, auf weitere Distanzen und wesentlich genauer. Standorte werden verschickt oder es wird per App nach dem stöbernden Hund gesucht. Klar bringt es einen großen Sicherheitsvorteil, doch wenn das Netz im Wald nicht ausreicht, haben die wenigsten noch ein Horn am Mann oder an der Frau. Ich habe meines zwar immer im Auto, aber mit auf den Ansitz oder den Drückjagdstand schleppe ich es meist nicht. Hinzu kommt, dass nur noch die wenigsten Jäger die Signale wirk-

Wenn vor oder nach der Jagd mehrere Jagdhornbläser zusammenkommen, erzeugt das eine besondere und ehrfürchtige Stimmung.

lich kennen. Es ist sogar schon vorgekommen, dass eine ganze Schützengruppe während einer Drückjagd zum Sammelpunkt marschierte, nur weil ein traditioneller Jagdhornbläser das Signal »Aufmunterung zum Treiben« geblasen hat. Dieses Signal soll die Treiber nur anfeuern, weiter voranzulaufen. Für viele bedeutet es heute nur noch: Hörst du das Horn das erste Mal, beginnt die Jagd – hörst du es ein zweites Mal, ist Schluss. Sie achten gar nicht darauf, welche Melodie erklingt, da sie diese meist auch gar nicht kennen.

Wer die Jagdhornsignale beherrscht, der kennt in der Regel auch den passenden Text zur Melodie. Ihm würde es nicht passieren, dass er seinen Posten auf einer Jagd verlässt und zum Sammelplatz geht, nur weil er denkt, sie sei vorbei. Denn er würde zur Melodie den Text »Wohlauf, wohlan, treibt schneller voran, wohlauf, wohlan, treibt schneller voran, wohlauf, wohlan, voran« automatisch im Kopf haben. Was die anderen Jäger daher vermutlich interpretierten, ist entweder das Signal »Sammeln der Jäger« mit dem Text »Jägersleute versammelt euch, hab euch etwas zu sagen!« oder »Hahn in Ruh«.

Bei der heutigen Jagdausbildung wird das Augenmerk nicht mehr so stark auf Themen des Brauchtums gerichtet. Dabei kommen dann leider meist auch die Signale zu kurz. In manchen Bundesländern sind Jagdhornsignale nicht einmal mehr prüfungsrelevant. Zum einen gibt es da die bereits erwähnten Totsignale, von denen ich eines geblasen habe, um damit den erlegten Bock zu ehren. Für jede in Deutschland heimische Wildart gibt es ein solches Signal, dazu gehören auch Wildarten, die heute in Deutschland nicht mehr vorkommen, wie der Bär, oder die im Begriff sind, wieder zurückzukehren, wie der Elch. In ihrer Melodie und in ihrem Rhythmus versuchen die Signale, die jeweilige Wildart mit Tönen zu malen. So klingt etwa das Signal »Hase tot« wie ein Mümmelmann, der über das Feld hoppelt.

Am häufigsten werden diese Totsignale noch auf Gesellschaftsjagden, also auf Treib- oder Drückjagden, geblasen. Wenn nach einer Drückjagd am Abend das Wild geehrt wird, wird für jede Wildart, die erlegt wurde, einmal das entsprechende Totsignal geblasen. Liegen zum Beispiel fünf Wildschweine, drei Rehe und ein Fuchs, werden nacheinander »Sau tot«, »Reh tot« und »Fuchs tot« gespielt. Nun gibt es aber auch noch eine bestimmte Reihenfolge, in der das Wild verblasen wird. In diesem Fall wäre zuerst das Rotwild dran, danach die Sauen und dann erst das Raubwild, also der Fuchs. Denn das sogenannte Hochwild, wie Rot-, Dam-, Muffel- oder Schwarzwild, war früher nur dem Adel vorbehalten. Rehwild, Fuchs, Hase, Kaninchen sowie unter anderem Fasan, Enten, Tauben waren Niederwildarten, die auch der Landadel, also der niedere Adel, jagen durfte.

Umrahmt wird die Jagd von den Jagdleitsignalen. Wenn beispielsweise das Signal »Sammeln der Jäger« erklingt, bewegen sich die Grünröcke in Richtung der Hörner und sammeln sich dort. In der Regel ist das dann der Fall, wenn der Jagdleiter eine Ansprache halten möchte oder die Schützen wieder zum Sammelpunkt zurückkehren sollen. Ein Jagdleitsignal, das sicher alle Jäger kennen, ist »Hahn in Ruh«. Es bedeutet, dass kein Schuss mehr abgegeben werden darf. Diese Leitsignale dienten früher der Organisation vor, während und nach der Jagd. Eine besondere Rolle spielt das Signal »Jagd vorbei – Halali«. Es wird am Ende eines Jagdtages gespielt. Es erklingt aber auch wie schon gesagt bei Beerdigungen von Jägern, um diesen die letzte Ehre zu erweisen.

Viele Leitsignale wie »Linker Flügel vor« oder »Wagenruf« sind heute nicht mehr gebräuchlich. Der Text des Wagenrufs lautet: »Johann, Johann, wo bleibt denn das Gespann? Johann, Johann, wo bleibt denn das Gespann? Johann, Johann, den Wagen heran. Komm schnell ran!« Es diente dazu, die Kutsche, mit der das Wild geborgen werden sollte, an die Stellen zu rufen, an denen Wild abgeholt werden musste. Das Wild wird heute alles meist direkt auf die Geländewagen aufgeladen und zum Sammelplatz gebracht. Was hingegen noch häufig erklingt, ist das Signal »Zum Essen«. Es wird, wie der Name bereits verrät, meist geblasen, bevor das Essen auf den Tisch kommt: »Kommt doch herbei, kommt doch herbei, Jäger, Treiber, kommt doch herbei, kommt doch herbei! Essen gibt's jetzt! Erbsensuppe mit fettem Schweinebauch, Erbsensuppe, Schnaps gibt es auch.« Dann gibt es noch verschiedene Märsche. Meist werden sie von Jagdhornbläsergruppen zu Festen oder Geburtstagen gespielt. Es gibt spezielle Jagdhornbläserwettbewerbe, bei denen schwerpunktmäßig Jagdsignale abgefragt werden. Das hat den Hintergrund, dass diese Signale von den Gruppen weiterhin geübt werden und in ihrem Repertoire fest verankert sind und nicht inmitten der vielen Kürstücke unterzugehen drohen.

Eine andere Art der Jagdmusik sind etwa die Es-Hörner. Sie sind in der Tonart Es-Dur gestimmte Blechblashörner und größer als die in B gestimmten Fürst-Pless-Hörner, von denen bisher die Rede war. Häufig werden mit den Es-Hörnern Messen rund um den Hubertustag am 3. November gestaltet. Diese großen Parforce-Hörner klingen weicher und voluminöser – etwa wie Alphörner. Sie sind keine Signalhörner. Da ihr Tonumfang mit sechzehn Naturtönen im Vergleich zu den Jagdhörnern mit ihren fünf Naturtönen wesentlich größer ist, können auch entsprechend kompliziertere Stücke arrangiert werden. Stücke wie der »Jägerchor« aus der Oper »Freischütz«, Volkslieder wie »Kein schöner Land« oder eben sakrale Musik sind damit möglich.

Der weiche und sonore Klang der Hörner ist weithin zu hören. Solche Momente berühren das Herz der Jäger.

Für mich war klar, dass ich auch das Jagdhorn blasen lerne, wenn ich den Jagdschein mache – weil mir der Klang gefällt, weil ich gerne musiziere und da ich finde, zu so einem alten Handwerk gehört auch Tradition. Wirklich schwer ist es auch nicht. Ein wenig Taktgefühl und ein paar Ansatzübungen, dann ist der Anfang schon gemacht. Und anschließend muss eben trainiert werden. Die Muskulatur in den Lippen muss aufgebaut werden, man nennt dies unter Bläsern das Trainieren des Ansatzes.

Ich hatte daher anfangs stets mein Horn oder auch nur das Mundstück, das sich leicht entfernen lässt, auf dem Beifahrersitz liegen, um an roten Ampeln oder im Stau stehend zu üben, und dafür habe ich häufig belustigte Blicke geerntet. Im Auto nerve ich wenigstens keine Vermieter oder Nachbarn. Heute geht das leider nicht mehr. Wie schon erwähnt, meint mein Dackel Emil immer, »mitsingen« zu müssen. Meist muss ich dann so lachen, dass die Luft nicht mehr durchs Horn fließt, sondern zwischen den Lippen und dem Mundstück entflieht, was zu sehr eigenartigen Geräuschen führt. Deshalb übe ich auch kaum noch im Auto. Aber beim Jagdhornblasen ist es wie bei vielen anderen Dingen, wer den Dreh einmal heraushat und die einzelnen Töne beherrscht, dem gelingt direkt das ein oder andere Signal recht ansehnlich. Und die Textnachricht meines Jagdherrn hat mir bestätigt, dass zumindest zu erkennen war, welches Signal ich gespielt habe. Ansonsten hätte er mir nicht »Waidmannsheil zum Bock!« gewünscht!

Mit lackierten Fingernägeln **auf Drückjagd**

»Kannst du Jagdhorn blasen?« Nicht selten höre ich diese Frage auf Drückjagden und das Grinsen im Gesicht des fragenden Mannes verrät, dass er sich der Doppeldeutigkeit dieser Frage sehr wohl bewusst ist. Natürlich spiele ich Jagdhorn, zwar noch nicht astrein, dafür aber mit großer Leidenschaft. Da nur rund zehn Prozent der Jäger weiblich sind, ist es für viele Männer wohl eine Attraktion, wenn eine junge Frau mit der geschulterten Waffe auf einer Jagd erscheint und dann auch noch mit anpackt.

Ein Bekannter, ebenfalls Jäger, sagte einmal zu mir: »Sobald du eine Jägerin in deinem Revier hast, beginnt ein regelrechtes Rumgebalze. Die Männer benehmen sich wie verrückt und jeder versucht das Weib zu bezirzen.« Zu diesem Vorbehalt kam hinzu, dass er einer Frau nicht zutraute, dass sie sich die Finger schmutzig machen würde. Für ihn war das Jägerhandwerk lange ein reines Männerding. Doch er ließ sich eines anderen belehren. Denn auch eine Frau kann trotz lackierter Fingernägel eine echte Jägerin sein.

So bin ich im Jahr 2015, den Jagdschein habe ich genau ein halbes Jahr, zu einer Drückjagd im Schwarzwald eingeladen. Ich treffe dort auf viele alteingesessene Jäger, die mich bereits bei der Ankunft kritisch beäugen. »Denen werd ich's zeigen«, denke ich im Stillen. Ich selbst komme bei der Jagd nicht zu Schuss, aber andere Jäger haben Erfolg. Am Sammelplatz muss das erlegte Wild möglichst schnell aufgebrochen werden, damit die Wildkörper rasch abkühlen können. Die Wildbrethygiene steht hierbei ganz im Fokus. Ich nehme also mein Messer vom Gürtel und beginne ein Wildschwein aufzubrechen. Als ich damit fertig bin, wende ich mich dem nächsten zu. Am Ende sind es sechs Sauen, die ich aufgebrochen habe.

Die Jäger schauen mir anfangs noch sehr genau auf die Hände. Ich gebe mir Mühe, das Messer stets richtig anzusetzen, sodass sie gar nicht erst die Möglichkeit bekommen, mich zu kritisieren. Nach und nach merke ich, wie sich die alten Lodenträger gelangweilt wegdrehen und ein Gespräch beginnen. Spätestens bei der dritten Sau schaut mir bereits keiner mehr zu. »Gibt wohl nichts zu bemängeln«, schließe ich daraus zufrieden.

Am nächsten Morgen sind wir noch kurz bei einem Bauern, um ihm zu berichten, was am Vortag erlegt wurde. Er sieht mich an und sagt erfreut: »Sind Sie nicht die junge Frau, die gestern mit lackierten Fingernägeln sechs Sauen aufgebrochen hat? Sie waren heute schon Gesprächsthema nach der Kirche.« Seither werde ich in diesem Dorf im Schwarzwald freundlich und ohne jede Skepsis begrüßt. Auch eine Frau muss mal ihren Mann stehen, wenn sie sich in einer Männerdomäne, wie die Jagd es ist, bewegt.

Noch kritischer sind die Blicke, wenn eine junge Frau versucht einem Jagdscheinanwärter etwas beizubringen. Da platzt den alten Lodenjockeln doch fast die Hutschnur. So zum Beispiel geschehen auf einer Jagd im Rheingau. Dort wurden mehrere Sauen erlegt, eine ideale Situation, um einem angehenden Jäger zu zeigen, wie Wild korrekt aufgebrochen wird. Das heißt, wie die Organe entnommen werden, ohne wertvolles Wildbret zu zerschneiden oder durch einen falschen Schnitt in Magen oder Darm ungenießbar zu machen.

Zu Beginn der Jagd unterhalte ich mich mit dem Treiber Christian, dessen Aufgabe es ist, das Wild gemeinsam mit den Hunden in Bewegung zu bringen, sodass es einem Schützen vor die Büchse läuft und gegebenenfalls erlegt werden kann. Ganz interessiert stellt er Fragen rund um das Thema Jagd. Als Jagdscheinanwärter ist es sein Ziel, vor Beginn des Jagdkurses möglichst viel Praxis mitzuerleben und dadurch Wissen zu sammeln. Also will er auch gerne wissen, wie das Aufbrechen funktioniert.

Nach dem Ende des Treibens will ich also versuchen, ihm das Handwerk ein wenig näherzubringen. Da ich persönlich am besten lerne, wenn ich etwas selbst unter Anleitung durchführe, anstatt nur danebenzustehen und zuzugucken, gebe ich Christian mein Messer sowie Einmalhandschuhe, die man zum Schutz vor Infektionen und aus Hygienegründen stets beim Aufbrechen tragen sollte, in die Hand und frage, ob er sich selbst rantrauen mag. Etwas zögerlich, aber gleichzeitig begeistert antwortet er: »Klar, aber du musst mir sagen, was ich tun muss.« Logisch, das ist für mich selbstverständlich.

Auch mit lackierten Fingernägeln kann frau auf der Jagd gut anpacken. Spätestens beim Aufbrechen hat Sophia alle davon überzeugt.

Schon jetzt bemerke ich einige kritische Blicke älterer Jäger. Eine kleine Bemerkung noch am Rande: Keinesfalls möchte ich damit alle über einen Kamm scheren und nicht jeder alte Jäger ist so. Die, die nicht so sind, haben gar keine Zeit zu meckern, weil sie sich selbst ein Wildschwein nehmen und sich an die rote Arbeit machen. Auf jeden Fall suche ich uns ein ruhiges Plätzchen, an dem wir einigermaßen ungestört arbeiten können.

Ich wähle eine der kleineren Sauen, dort geht alles etwas einfacher, schon allein deshalb, weil sie weniger wiegt, und lege sie auf den Rücken. Dann zeige ich Christian, wie er vorgehen muss. Geduldig hört er zu und setzt genau das um, was ich ihm sage. »Das würde ich aber …«, sagt plötzlich einer der Älteren und beugt sich zu uns herunter. Da ich darauf überhaupt keine Lust habe und weil ich es selbst nicht leiden kann, wenn mir fünf Leute auf einmal etwas erklären wollen, kommt der Hutträger nicht weiter. »Gerne dürfen Sie übernehmen und dem Jagdscheinanwärter erklären, wie es funktioniert. Aber ich würde vorschlagen, Sie lassen uns beide das erst zu Ende bringen und sehen dabei zu. Danach dürfen Sie gern Anregungen geben.« Etwas verwundert über diese Ansage und ohne ein weiteres Wort zu sagen, tritt der Jäger einen Schritt zurück und schaut uns skeptisch, aber aufmerksam zu.

Ich hoffe, dass Christian weiter so konzentriert bei der Sache bleibt und sich nicht beirren lässt. Langsam und vorsichtig arbeitet er sich voran. Ich erkläre, er setzt um. Wenn er sich unsicher ist, fragt er noch einmal nach. Es klappt alles hervorragend. Er schneidet weder in die Keulen noch ins Gedärm und auch nicht in seine Finger. Am Ende liegt ein sauber aufgebrochenes Wildschwein da. Wir schauen uns die Organe noch genau an, und da wir keine bedenklichen Merkmale feststellen können, hängen wir die Sau zu dem anderen bereits aufgebrochenen Wild.

Anscheinend hat der Jäger genug gesehen und möchte nichts mehr hinzufügen, denn er ist verschwunden. Ob es daran liegt, dass ich eine Frau bin, die einem Mann etwas erklären möchte, oder ob der Grünrock auch bei jedem anderen seinen Senf dazugegeben hätte, werde ich wohl nie erfahren. Jedoch beobachte ich immer wieder, dass jagende Frauen solche Vorfälle häufiger erleben.

Es hat aber auch Vorteile, als weibliche Jägerin unter so vielen Männern zu agieren. Direkt nachdem ich meinen Jagdschein in den Händen hielt, hatte ich keine Jagdmöglichkeit und dachte erst, es würde wohl noch etwas dauern, bis ich Anschluss fände. Aber es ging dann doch schneller als gedacht. Oft frage ich mich noch heute, ob das auch so schnell gegangen wäre, wenn ich männlichen Geschlechts wäre.

Vor allem direkt nach der Jägerprüfung hatte unser Kurs noch recht viel Kontakt. Wir tauschten uns über Jagderfolge und andere Erfahrungen aus. Dabei merkte ich, wie schnell besonders meine beiden Jagdkurskolleginnen und ich in der Jägerschaft aufgenommen wurden. Bereits im ersten Jagdjahr trudelten die Jagdeinladungen nur so bei uns ein. Ich hatte das Gefühl, dass ich von fast jedem Grünrock, der spitzbekam, dass ich nun den Jagdschein habe, eine Einladung bekam. Die männlichen Jagdscheinkollegen hingegen freuten sich bereits, wenn sie zumindest eine Einladung zu einer Drückjagd bekamen.

Anfangs war mir das gar nicht so klar, wenn ich im Gegensatz zu meinen männlichen Kurskollegen aus der Jagdschule unzählige Einladungen für die Saison bekam. Schon in meiner zweiten Drückjagdsaison musste ich Einladungen ausschlagen, weil auch ich nicht auf zwei – beziehungsweise zehn – Hochzeiten gleichzeitig tanzen kann. Ich ging auf eine Drückjagd und kam mit drei neuen Einladungen nach Hause, so fühlte es sich zumindest an.

Emil ist nicht nur bei Reviergängen und auf der Ansitzjagd, sondern auch auf Drückjagden ein treuer Jagdgefährte und Beschützer.

Traurig musste ich irgendwann feststellen, dass es wohl weniger an meiner Person liegt als an meinem Geschlecht. Obwohl die Jäger oft so skeptisch sind, wenn ich auftauche, scheint es doch etwas Besonderes zu sein, eine Frau auf der Jagd dabeizuhaben. Mehr als das: Gelegentlich kommt es sogar vor, dass mir nicht nur ein Platz auf dem Hochsitz, sondern auch im Bett angeboten wird. Empört lehne ich in solch einer Situation beide Angebote ab. Richtig zornig werde ich, wenn mir der Jagdherr auch noch im Beisein seiner Frau mal eben auf den Hintern haut oder mich begrapscht.

Solche Momente sind leider sehr unangenehm, aber es gibt sie. Dann ist eine schnelle Reaktion gefordert. Ein weinerliches »Das möchte ich nicht!« hilft in der Regel nichts. Die größte Wirkung zeigen laute, klare und deutliche Worte. Am besten im Stehen gesprochen. Und um das Ganze noch zu unterstreichen, packe ich meine Sachen und mache mich schnellstmöglich aus dem Staub.

Das gilt es eben abzuwägen. Und es ist auch wichtig, für sich selbst festzulegen, wie weit ein Mann gehen darf. Denn gegen lockere Sprüche habe ich grundsätzlich nichts. Das jagdliche Vokabular bietet sich regelrecht für derbe Sprüche an. So geschehen zum Beispiel auf einer Drückjagd. Ich bin als Schützin mit meiner Waffe im Wald abgestellt. Die Treiber und die Hunde bringen das Wild in Bewegung.

Irgendwann kommen dann die Hundeführer an mir vorbei. Darunter Jagdfreund Hans, der gerne ein loses Mundwerk hat, mit seinem Kleinen Münsterländer. Hans ist allerdings ohne Waffe unterwegs. Verdutzt sage ich: »Wieso bist du denn unbewaffnet?« Plötzlich zieht sich ein breites Grinsen über sein Gesicht und er antwortet: »Ich bin immer bewaffnet, das weißt du doch!«

Über solche Witze sollte eine Jägerin lachen können oder einfach darüber hinwegsehen. Anderenfalls wird ihr Jägerleben ein reines Ärgernis. Meine bisherige Erfahrung hat gezeigt, dass anzügliche Sprüche an der Tagesordnung sind. Ob es daran liegt, dass die Männer in dieser Domäne einfach in der Überzahl sind, oder ob die Jäger einen derben Charakter haben, darüber lässt sich vortrefflich streiten.

Es gibt jedoch ein gutes Beispiel, das zeigt, dass es nicht nur Jäger sind, denen meine Leidenschaft imponiert. An einem grauen Novemberabend gegen neunzehn Uhr, bin ich, vollgestopft mit asiatischen Köstlichkeiten, auf dem Heimweg. Gerade will ich von der Bundesstraße abfahren, als ich hundert Meter weiter auf der Gegenfahrbahn ein Auto mit eingeschalteter Warnblinkanlage stehen sehe. Im Scheinwerferlicht davor entdecke ich ein Tier, das das Haupt hocherhoben hält. »Mist! Da muss ich helfen!«

Es muss einen ordentlichen Schlag abbekommen haben. Wenn es da liegt, aber das Haupt hocherhoben ist, bedeutet das, es kann jeden Moment aufstehen und losrennen. Das würde aber für viel Arbeit sorgen. Denn ein Tier, das auf einer Bundesstraße angefahren wurde, hat mit hoher Wahrscheinlichkeit innere Verletzungen. Damit würde es nicht lange überleben, aber eventuell einen qualvollen Tod erleiden. Um das zu vermeiden, wäre es in diesem Fall die Pflicht des Jägers, das Tier mit einem Hund nachzusuchen und zu erlösen.

Da ich nun gerade an Ort und Stelle bin, fühle ich mich für das Leid des Tieres verantwortlich und möchte es umgehend beenden. Ich stelle das Auto an den Straßenrand und dann geht alles ganz schnell: Warnblinkanlage einschalten, Motor aus, Kofferraum auf und das Messer aus dem Rucksack. Ich warte die Autos ab, die noch vorbeimöchten. Natürlich nicht ohne abzubremsen und zu gaffen. »Leute, macht, dass ihr Land gewinnt, da leidet ein Tier, das ich so schnell wie möglich erlösen möchte«, denke ich mir. Dann ist die Straße für einen kurzen Moment frei. Ich sprinte hinüber. Nur schnell zu dem Unfallwagen.

Die Fahrerin ist ansprechbar. Ihr geht es auf den ersten Blick gut. Sie hat ihr Handy am Ohr. »Ist da die Polizei dran?«, frage ich sie. Verwundert über die sich plötzlich öffnende Autotür und den Rotschopf, der da hereinschaut, antwortet sie mit einem »Ja«. »Darf ich bitte kurz Ihr Handy haben?« Ohne zu überlegen und noch voll unter Schock, streckt mir die Frau das Mobiltelefon entgegen. Die hätte mir in diesem Moment alles gegeben, denke ich im Nachhinein, als ich die Situation später am Abend Revue passieren lasse.

Als ich das Handy am Ohr habe, erkläre ich dem Polizisten: »Ich bin Jägerin, allerdings nicht verantwortlich für das

Revier. Ich habe aber ein Messer dabei. Geben Sie mir die Erlaubnis, das Tier zu erlösen?« »Wenn Sie das können, machen Sie das bitte. Aber liegen lassen«, lautet die Antwort. Dann drücke ich der verdutzten Fahrerin das Handy wieder in die Hand. Es ist verboten, in einem fremden Revier Wild zu erlegen. Das wäre Wilderei. Hier geht in meinen Augen aber Tierschutz vor. Trotzdem ging ich noch einmal auf Nummer sicher und habe mir daher die telefonische Erlaubnis der Polizei eingeholt.

Dann gehe ich vor das Auto. Als ich an das Tier herantrete, versucht es sich aus dem Staub zu machen. Schnell knie ich mich mit meinem gesamten Gewicht auf den Körper, das Haupt halte ich mit der linken Hand fest. Es beginnt herzergreifend zu klagen. Mir geht es durch Mark und Bein. »Lass es nicht an dich heran, du musst jetzt stark sein. Nur so kannst du dem Tier helfen«, ermahne ich mich. Schnell und ohne weiter nachzudenken, schiebe ich das Messer zwischen die Rippen. Es braucht Kraft, bis die Spitze durch die Haut sticht. Als es durch den Lungenflügel tritt, hört das Schreien auf. Hinter mir höre ich die Frau. »Drehen Sie sich um und schauen Sie weg!«, rufe ich ihr zu. Es ist kein schönes Bild, wie das Blut aus dem Tier läuft. Weil es noch immer durch den anderen Lungenflügel röchelt, drehe ich es um und steche auf der anderen Seite auch hindurch. Dann ist das arme Tier endlich von seinem Leid erlöst. Ich bin erleichtert. Ich habe es geschafft.

Dann stehe ich auf und widme mich der Fahrerin. »Es ist alles gut!«, versuche ich sie zu beruhigen. »Sie haben ein Damkalb erwischt. Das ist eine Hirschart, die hier vorkommt. Haben Sie eventuell noch ein Tier mit Ihrem Auto erfasst?« »Nein, es waren zwar zwei Tiere, aber das erste ist in den Wald, das

Dieses Damkalb fiel dem Straßenverkehr zum Opfer, verendete nach der Kollision aber nicht sofort. Hier war schnelles Handeln gefragt.

zweite habe ich voll erwischt«, antwortet sie. »So schlimm das alles auch ist, aber glücklicherweise ist Ihnen nicht das Muttertier vor das Auto gelaufen, denn das wäre dann für das Kalb ein sehr harter Winter geworden. Außerdem ist das Muttertier um einiges größer und hätte wahrscheinlich einen größeren Schaden verursacht«, versuche ich die Frau zu beruhigen.

Plötzlich hält ein Fahrzeug mit eingeschalteter Warnblickanlage hinter dem Unfallwagen. Die Dame hat direkt nach dem Zusammenstoß ihre Tochter angerufen, die ganz in Sorge gemeinsam mit ihrem Freund losgefahren ist, um die Mutter zu unterstützen. Wie sich herausstellt, ist der Schwiegersohn in spe Polizist, allerdings im Moment nicht im Dienst. Trotzdem übernimmt er kurzerhand das Kommando.

»Lasst uns die Autos von der Straße fahren, damit der Verkehr nicht unnötig behindert wird«, sagt er. Die Schwiegermutter in spe ist kurz unsicher und fragt, ob die Polizei die Unfallstelle nicht genau so aufnehmen müsse, wie sie jetzt aussehe. Nachdem er ihr versichert, dass das nicht nötig sei, fahren sie die beiden Wagen zu meinem, den ich in einer Parkbucht auf der anderen Straßenseite abgestellt habe. Ich ziehe das Damkalb noch etwas in Richtung der Leitplanke, damit es nicht noch einmal von einem Auto erfasst wird.

In der Parkbucht versuche ich den dreien noch einmal zu erklären, was genau ein Damkalb ist. Damwild ist eine Hirschart, die häufig in Wildparks zu sehen ist. Im Sommer haben sie weiße Punkte auf dem Fell. Das Geweih des Damhirschs besteht nicht nur aus Stangen wie das vom Rothirsch, sondern hat auch Schaufeln. Das weibliche Tier wird Damtier genannt. Deren Nachwuchs sind die Damkälber, ein solches wurde hier zum Verkehrsopfer. Da die Frau der Polizei meldete, dass sie ein Reh angefahren habe, erkläre ich auch noch einmal den Unterschied zwischen Damwild und Rehwild. Rehe sind nämlich kleiner und haben, abgesehen von den Kitzen in den ersten Wochen nach der Geburt, auch keine Punkte auf dem Fell. Das verunfallte Damkalb ist bereits größer und schwerer als ein ausgewachsenes Reh.

Als ich mit meinen Ausführungen fertig bin, grinst der junge Polizist: »O je, da habe ich ja schon etliche Polizeimeldungen falsch geschrieben.« Ich lache leise in mich hinein und muss an die ganzen Pressemeldungen zu Wildunfällen denken, mit denen ich aus beruflichen Gründen tagtäglich zu tun habe und in denen auf dem Bild ein Damtier abgebildet und im Text von einem Reh die Rede ist.

Dann endlich trifft der Streifenwagen ein. Ein Hüne von Mann steigt aus, der sich umgehend einen genauen Überblick über die Situation verschafft. Die Unfallverursacherin berichtet ihm über den Unfallhergang. Wieder redet sie von einem Reh, doch schnell beißt sie sich auf die Lippen und sagt: »Ach nee, was war das noch?«, und dreht dabei ihren Kopf fragend in meine Richtung. Der Beamte fragt, ob das Tier noch lebe. Die Frau berichtet, dass ich es erlöst habe. Etwas fassungslos schaut er mich an: »Sie haben es einfach abgemurkst? Das ist ja krass! Jedes andere Mädchen hätte sich geekelt und gesagt, Bambi müsse sofort zum Tierarzt!«

Ich soll ihm zeigen, wo das Tier liegt. Auf dem Weg dorthin erkläre ich ihm, dass ich das Kalb sauber abgefangen und nicht »abgemurkst« habe, indem ich mit dem Messer zwischen zwei Rippen hindurch die Lunge des Kalbs zum Kollabieren gebracht habe. Ihm ist seine Begeisterung sichtlich anzumerken. Er möchte wissen, wie ich dazu kam, den Jagdschein zu machen. Und er stellt fasziniert fest, dass es nicht nur alte Jäger mit Bart und Hut gibt. Er berichtet, dass er den Anglerschein habe. Möchte er mir damit sagen, dass er sich auch traut, ein Tier umzubringen? Versucht er gerade sein Ego gegenüber einer Frau aufrechtzuerhalten? Zu gerne würde ich gelegentlich bei einem Mann hinter die Stirn schauen können.

Am Damkalb angekommen, begutachtet er die tödliche Wunde, die mein Messer hinter dem Schulterblatt hinterlassen hat und aus der noch immer etwas Blut tropft. »Und da haben Sie einfach reingestochen? Das war mutig!« Ich nutze die Chance und erkläre meinen Standpunkt: »Dies ist ein Tier, das in der Natur aufgewachsen ist und den Kontakt zu Menschen nicht kennt. Das darf nicht mit einem Haustier verglichen werden. Würde ich ein verletztes Wildtier zum Tierarzt bringen, würde ich ihm mehr Leid zufügen, als wenn ich es schnell erlöse. Menschen lösen beim Wild Fluchtverhalten aus, dem das Tier nicht nachgehen könnte, wenn es in ein Fahrzeug geladen würde. Diese Situation und auch die Tierarztpraxis kennen in der Natur aufgewachsene Tiere nicht, was weitere Panik in ihnen auslösen würde.« Der Polizist nickt zustimmend.

Plötzlich versucht der Hüne, das Kalb mit den Füßen unter die Leitplanke zu schieben, damit es weniger offensichtlich daliegt, bis es der Jagdausübungsberichtigte dieses Reviers abholt. Das ist etwas, was ich als Jägerin überhaupt nicht sehen und auch nicht ertragen kann. Ein Tier wird nicht mit Füßen getreten, auch kein totes. Flink packe ich das Kalb und ziehe es vorsichtig mit der Hand an den gewünschten Platz. Schon wieder schaut er mich beeindruckt an und bemerkt, dass ich als junge Frau keinerlei Probleme damit habe, das blutbefleckte Tier mit den bloßen Händen anzufassen. »Die sind sowieso schon voller Schweiß. Das macht jetzt auch nichts mehr aus«, entgegne ich. Das scheint er, seinem Blick nach zu urteilen, schon wieder etwas befremdlich zu finden, er sagt aber nichts. Für Männer, ganz egal, ob Jäger oder nicht, scheint es einfach ungewöhnlich zu sein, dass eine Frau die Jagd aktiv ausübt.

Zwei Damhirsche treten auf die Wiese aus und sichern.

Allein im Wald – zur Ruhe finden **auf dem Hochsitz**

Ein Horrortag neigt sich dem Ende zu. Ätzende Kunden, ein nörgelnder Betriebsrat und die Kollegin ist wohl auch mit dem falschen Fuß aufgestanden. Als sich am Nachmittag noch der Computer aufhängt, sehne ich mir den Feierabend noch mehr herbei. Zu Hause angekommen, überlege ich nicht lange: raus aus der engen Bluse und rein in die grünen Klamotten. Den Dackel auf dem Rücken, die Büchse über der Schulter, geht's ins Revier. Wenigstens kann ich noch ein paar Sonnenstrahlen einfangen. Ich setze mich auf einen Sitz ohne Dach am Waldrand und lasse ganz versonnen den Sonnenuntergang auf mich wirken. Es gibt keinen anderen Ort, an dem ich dem Alltag schneller entfliehen kann als auf dem Hochsitz.

Verträumt starre ich auf ein Grasbüschel in der Wiese. Plötzlich nehme ich eine Bewegung wahr. Ein Feldhase muss, ohne dass ich es gemerkt habe, aus dem Wald auf die Wiese gehoppelt sein. Hier und da stoppt er und mümmelt an einem Löwenzahn. Ans Schießen denke ich überhaupt nicht. Erstens, weil wir in Deutschland nur noch wenige Hasen haben und ich mich deshalb immer über deren Anblick freue, zweitens, weil sie zu dieser Jahreszeit Schonzeit haben, also gesetzlich vorgeschrieben nicht gejagt werden dürfen, und drittens, weil ich im Moment völlig entspannt bin und die Ruhe nicht durch einen lauten Schuss stören möchte.

Dann treten drei Rehe auf die Wiese, eine Ricke mit ihren zwei Kitzen. Verspielt toben die beiden Kleinen um die Mutter herum. Ein wunderschöner Anblick. Auch hier bleibt die Waffe in der Ecke stehen. Nicht nur weil es auch hier das Jagdgesetz nicht erlaubt, sondern auch weil es mir mein Verstand sagt. Es wird bereits dämmrig, als ein Bock sein Haupt aus dem Wald steckt. Vorsichtig nehme ich das Fernglas hoch. Mein Puls steigt. Das wäre potenziell ein Reh, das ich erlegen könnte. Es ist ein junger Bock. Er tritt auf die Wiese.

Ich nehme die Waffe hoch. Routiniert gehe ich in den Anschlag und platziere das Fadenkreuz hinter dem Schulterblatt. Jetzt steht er breit und ich sollte eigentlich entsichern, um die Waffe schussbereit zu machen. Aber stattdessen lasse ich den Finger gerade und stelle die gesicherte Waffe ruhig wieder in die Ecke zurück. »Nein, nicht heute und nicht jetzt«, denke ich und schaue versonnen auf das Naturschauspiel zu meinen Füßen. Ich warte, bis der Rehbock wieder in den Wald verschwunden ist. Die Ricke mit den Kitzen hat sich bereits davongestohlen, während ich mich auf den Bock konzentriert habe. Ich beobachte den Jährling noch so lange, bis die Dunkelheit ihn verschluckt. Dann packe ich meine Sachen zusammen und steige die Leiter hinunter.

Zufrieden und erfüllt gehe ich zurück zum Auto. Zu Hause angekommen, merke ich nichts mehr von dem stressigen Tag, den ich doch heute tatsächlich hatte. Ich verschließe die Büchse im Waffenschrank und, in meine Decke eingekuschelt, denke ich noch einmal an das eben Erlebte, bis ich in einen tiefen Schlaf versinke. Wäre ich nicht mehr ins Revier gefahren, wären meine Gedanken wohl den Rest des Abends nur um die Arbeit gekreist und ich hätte lange keinen so erholsamen Schlaf gehabt, wie ich ihn jetzt genieße.

Es gibt aber auch Ansitze, bei denen ich es einfach nicht schaffe, auf Anhieb abzuschalten. Da sitze ich dann und habe

Hummeln im Hintern. Ständig schaue ich auf mein Handy, ob jemand geschrieben oder etwas Neues gepostet hat. Ich kann mich einfach nicht auf die Natur einlassen. Bis es plötzlich im Gebüsch zu rascheln beginnt. Dieses Rascheln zieht meine gesamte Aufmerksamkeit auf sich. Was war das? Ein Reh? Eine Sau? Oder nur ein Vogel? Ich lausche gespannt. Am Knacken oder Rascheln kann ich die Wildart oft schon erahnen. Oder das Tier gibt einen Laut von sich, der es verrät.

Gespannt höre ich, wie das Rascheln näher kommt. Ich vermute, dass es ein Reh ist. Wird es gleich auf die Lichtung treten? Plötzlich sehe ich etwas Rotes durch die Blätter blitzen. Das muss ein Reh sein. Langsam steigt die Aufregung. Gleich muss ich die Entscheidung treffen, ob es ein jagdbares Wildtier ist und ich es erlegen könnte oder ob es geschont wird. Wenn es nicht ganz eindeutig ist, lasse ich den Finger gerade.

Das Reh tritt aus und ich muss gar nicht lange überlegen, ob ich schieße oder nicht. Die Entscheidung wird mir genommen. Ich sehe sofort, dass das Tier einen Vorderlauf schont. Es tritt fast gar nicht damit auf. Ob es sich nur vertreten oder eine ernsthafte Verletzung hat, sehe ich vom Hochsitz aus nicht. Da es aber ein Böcklein ist und somit keine Kitze haben kann, nehme ich die Waffe schnell auf und konzentriere mich auf einen sauberen Schuss. Der Jährling steht an der Salzlecke und ist andauernd in Bewegung. Als er einen kurzen Moment innehält, atme ich tief aus und ziehe am Abzug. »Bumm«, ich lasse die Kugel fliegen.

Durch das Mündungsfeuer, das ist der Blitz, der beim Schuss vorn an der Waffe entsteht, habe ich nicht gesehen, wie der Jährling sich direkt auf den Schuss hin verhalten hat. Da er im höheren Gras stand, kann ich auch nicht erkennen, ob er liegt. Doch ich bin mir sicher, gut getroffen zu haben, und ich habe ihn auch nach dem Schuss nicht abspringen hören. Nach gut zehn Minuten packe ich meine Sachen zusammen und verlasse den Sitz. Ich laufe zur Salzlecke. Dort liegt er. Mit einem tödlichen Treffer, sofort verendet.

Ich schaue mir den kranken Lauf an und sehe eine eitrige Verletzung, die bis auf den Knochen geht. Ich bin erleichtert und zufrieden zugleich, dass ich dieses Lebewesen von seinem Leid erlöst habe. Es ist ein heißer Sommer und wir haben bereits etliche Wochen über dreißig Grad am Tage. Es hätte sicher nicht mehr lange gedauert, bis Fliegen ihre Eier in die Wunde gelegt hätten.

Unter den aufmerksamen Blicken meines jungen Teckels lade ich den Jährling in die Wildwanne, die ich immer im Kofferraum

Ein Feldhase betritt die Bühne. Er hat Schonzeit, also bleibt Sophias Finger gerade.

dabeihabe, und fahre zur Wildkammer. Wie gewohnt breche ich das Tier auf und hole alle Innereien heraus, damit das Wildbret abkühlen kann. Jedoch bin ich mir nicht sicher, ob ich das Böckchen wirklich essen möchte. Der Entzündungsherd ist doch recht groß. Die Lymphen sind etwas angeschwollen. Die Organe sind aber alle in Ordnung. Ich finde noch zwei weitere Verletzungen, die schon etwas älter zu sein scheinen. Zwei Löcher in der Keule, die aber schon fast wieder verheilt sind. Vermutlich handelt es sich um sogenannte Forkelverletzungen. Diese entstehen, wenn Böcke, oder auch Hirsche, während eines Kampfes durch das Gehörn beziehungsweise Geweih ihres Rivalen verletzt werden.

Den verletzten Lauf entferne ich gänzlich. Auch die Leber, die sonst als Erstes in der Pfanne landet, wird entsorgt, da sie als entgiftendes Organ die Entzündung verarbeiten musste. Dann hänge ich den Jährling in die Wildkammer. Auf der Heimfahrt rufe ich meinen Jagdherrn Michael an. Ich bin sehr froh über seine Großzügigkeit. Denn ich darf auf den etwa hundertachtzig Hektar jagen, wann und so oft ich möchte. Das ist nicht selbstverständlich. Deshalb möchte ihn immer direkt darüber unterrichten, wenn es Neuigkeiten aus seinem Revier gibt.

Am Telefon erzähle ich ihm die Geschichte und er freut sich mit mir, dass ich diesem Leid ein Ende gesetzt habe. Wir reden darüber, ob wir den Bock noch für den menschlichen Verzehr verarbeiten oder lieber nicht. Wie ich bereits geschildert habe, sind wir Jäger laut EU-Lebensmittelrecht kundige Personen und daher zu keiner amtlichen Fleischuntersuchung verpflichtet und müssen somit selbst beurteilen, was verwertbar ist und was nicht. Dies gilt natürlich nicht, wenn bedenkliche Merkmale zu finden sind – dann muss das Fleisch vom Amtstierarzt untersucht werden. Dies sind zum Beispiel krankhafte Veränderungen der Organe, abnormales Verhalten vor dem Schuss oder Durchfall. Die Trichinenschau wiederum muss bei Allesfressern und allen Haarwildarten, die Fleisch fressen, grundsätzlich in Form einer veterinäramtlichen Untersuchung durchgeführt werden.

Nachdem ich aufgelegt habe und zu Hause im Bett liege, übermannt mich eine bleierne Müdigkeit. Wieder habe ich es geschafft, dem Alltag zu entfliehen. Zufrieden darüber, den Jährling auf drei Läufen erlöst zu haben, falle ich in einen tiefen, traumlosen Schlaf.

Doch schlafen wird auch gelegentlich überbewertet. Zum Beispiel bei Vollmond, wenn dieser genügend Licht gibt, um auf Wildschweine zu waidwerken. »Hast du keine Angst, wenn du so ganz allein im Wald unterwegs bist?« Das ist eine Frage, die mir des Öfteren gestellt wird. Es gibt selten Situationen, in denen ich wirklich Angst bekomme oder mich unbehaglich fühle.

Ich sitze im Auto, auf dem Weg zum Ansitz. Es ist neun Uhr abends und Winter, also stockdunkel. Wobei, eigentlich nicht wirklich. Es liegt Schnee und der Mond scheint. Für mich als Jägerin ist es also taghell und perfekt, um Schwarzwild zu bejagen. Meine Mutter sieht das anders. Mein Handy klingelt. »Ja, Mama«, melde ich mich. Sie kommt noch nicht einmal zum Grund ihres Anrufes, da fragt sie schon: »Wo fährst du denn schon wieder hin?« Es ist mehr eine rhetorische Frage, die ich ihr trotzdem beantworte. »Ganz allein? Kann da nichts passieren?«

Ihr ist es nie recht, wenn ich nachts auf Jagd gehe. Dabei ist es ihr egal, ob ich allein bin oder gemeinsam mit einem Jäger jagen gehe. Ist ein anderer Jäger dabei, könnte er mich ja überfallen. Ist kein Jäger dabei, könnte ich trotzdem überfallen werden. Wer weiß, wer sich nachts so alles im Wald herumtreibt. Aber auch Tiere könnten mir etwas antun. Nach diesen Telefonaten, die sich eigentlich immer gleich abspielen, steige ich aus dem Auto und schaue vorsichtig nach rechts und links. Wenn irgendwo ein Ast knackt, erschrecke ich und sehe mich ein wenig bang nach allen Seiten um.

Gab es keinen Anruf meiner Mutter, laufe ich hingegen unbesorgt los … Trotzdem gibt es auch einige skurrile Geschichten, die ich nachts im dunklen Wald erlebt habe. Einmal sehe ich ein Licht am Waldrand. Allein traue ich mich nicht, dem nachzugehen, deshalb rufe ich einen Freund an. Das Licht kommt von einem Auto, die Fahrertür steht sperrangelweit offen, der Schlüssel steckt in der Zündung, aber weit und breit ist kein Mensch zu sehen, und das um ein Uhr in der Nacht. Als wir gemeinsam dort ankommen, sehen wir noch die Fahrspur im feuchten Gras. Im Radkasten hat jedoch bereits eine Spinne begonnen ein Netz zu bauen. Ein Überfall? Ein Selbstmord? Vieles geht mir durch den Kopf. Der Jagdkamerad, mit dem ich in dieser Nacht unterwegs bin, geht in Richtung der Waldkante, ich folge ihm langsam. »Hoffentlich haben wir nicht gleich ein paar Füße vor unseren Gesichtern baumeln«, denke ich und ein kalter Schauer läuft mir den Rücken hinab.

Nirgends ein Hinweis auf den Fahrer des Wagens. Der Jagdfreund ruft seinen Vater an, den Pächter des Reviers. Ich bin nur für ein paar Tage zu Besuch hier auf der Schwäbischen Alb und befürchte, dass ich mit der Geschichte für meinen ersten Krimi heimkehren werde. Der Pächter kennt das Fahrzeug und ruft in der Wirtschaft an, zu der das Auto gehört. Er erfährt, dass der Fahrer bereits per Anhalter auf dem Traktor eines Bauern heimgekehrt sei. Er hat wohl einen über den Durst getrunken, hat sich in unverantwortlicher Weise hinters Steuer gesetzt und sich auf dem Feld verirrt. Solche Vorfälle lassen mich vielleicht nicht gerade zur Ruhe kommen, aber sie reißen mich definitiv aus meinem Alltagstrott, was ab und an einfach guttut.

Gelegentlich wird ein Jäger auch Zeuge nicht jugendfreier Szenen. Laue Sommerabende verführen junge Pärchen auf die frisch gemähten Wiesen. Im Liebeswahn schaut sich meist keiner der beiden um, ob der Hochsitz auch wirklich nicht besetzt ist. Gelegentlich gibt es auch Menschen, die eine Vorliebe dafür haben, gegen Mitternacht mit einem Regenschirm nackt durch den Stadtwald zu tanzen. Wer denkt denn daran, dass um diese Uhrzeit ein Jäger im Wald auf Wildschweine ansitzt. Solche kuriosen Vorfälle lassen mich immer wieder schmunzeln.

Was außerdem guttut, ist, nicht nur auf dem Hochsitz zu sitzen, sondern auch ihn selbst zu bauen. Mit Hammer, Nagel und Säge sowie etwas Denkvermögen habe ich es schon mit einem Kollegen geschafft, an einem Tag einen ganzen Hochsitz zu bauen. Morgens begonnen, mittags ein paar Brote auf die Hand und nachmittags das erste Mal die neue Aussicht genossen. An solchen Tagen liege ich abends im Bett und bin einfach nur zufrieden. Es macht einen riesigen Unterschied, ob ich einen Tag lang fleißig am Computer gesessen und geschrieben oder ob ich mich körperlich ausgelastet habe. Beides ist anstrengend und nach beiden Tätigkeiten falle ich abends todmüde ins Bett. Aber nach einem langen Tag sehen und anfassen zu können, was man mit eigener Hände Arbeit geschafft hat, ist um einiges schöner.

Jagd bedeutet also nicht nur rausgehen und schießen. Viel wichtiger ist es mir, in der Natur unterwegs zu sein und einen Ausgleich zum stressigen Alltag zu haben, all das gehört zur Jägerei dazu.

Erlösende Schüsse und Rehkitz-Rettung

Es ist elf Uhr nachts, gerade haben sich alle Jäger wieder in der Stube versammelt. Wir verbringen gemeinsam ein Jagdwochenende im Westerwald und haben gemeinsam angesessen. Zwei von uns fünf waren erfolgreich und mussten das Wild erst noch versorgen, damit das Wildbret abkühlen kann. Die beiden Jäger berichten von ihren Erlebnissen. Doch auch wir, die nichts erlegt haben, haben viel zu erzählen. Ich habe einen Hasen gesehen, der im Mai aber noch Schonzeit genießt. Das Reh, das ich gesehen habe, war weiblich und könnte Kitze haben, die es dann sicher in der Wiese abgelegt hat. Daher ist auch das tabu. Und der Bock, den ich sah, war ein junger, kräftiger, mit einem starken Gehörn. Der soll erst mal für guten Nachwuchs sorgen, der sollte daher unbedingt noch geschont, also nicht erlegt werden.

Plötzlich klingelt das Handy unseres Jagdherrn. »Ja, wir kommen sofort«, sagt er, bevor er auflegt. Ich kann mir schon denken, was passiert ist: Auf der Landstraße wurde wieder Wild angefahren. »Die Polizei. Unten in der Kurve, wo wir nächste Woche die Wildwarnreflektoren anbringen wollen, ist ein Reh angefahren worden«, sagt er. Wir packen Gewehr sowie Messer ein, und Schluss ist mit dem gemütlichen Beisammensitzen.

An der Kurve angekommen – wir sind zu zweit –, leuchtet jeder eine Seite der Straße ab. Da ist Schweiß. Es ist nicht wenig. Ich hoffe, dass das Reh bereits verendet oder wenigstens nicht mehr weit geflüchtet ist. Eine Nachsuche mit Hund ist bei Nacht zu gefährlich. Wir wären gezwungen, bis zum nächsten

Tag abzuwarten und bei Tageslicht loszugehen. Das Tier würde bis dahin leiden müssen oder unter Schmerzen verenden.

Aber da, fünfzig Meter weiter sehe ich im Schein der Taschenlampe etwas aufblitzen. Das Reh ist noch nicht verendet. Schnell eilt mein Kollege dorthin und fängt es mit dem Messer ab, um sein Leid zu erlösen. Geübt gleitet die Klinge zwischen den Rippen hindurch in den Brustraum. Wären wir nicht gekommen, wäre es vermutlich in der Nacht verendet.

Laut DJV-Wildunfallstatistik aus dem Jahr 2018 kollidiert etwa alle zweieinhalb Minuten ein Fahrzeug mit einem Wildtier. Lediglich zehn Prozent der Unfälle werden gemeldet, aber nur wegen Personen- oder Sachschaden, weniger wegen des verunfallten Tieres. Dass in vielen Bundesländern alle Wildunfälle mit Schalenwild, also Paarhufern wie Reh, Wildschwein und Hirsch, meldepflichtig sind, wissen viele nicht. Dies steht im jeweiligen Landesjagdgesetz. Gibt es dort keine Regelung, so greift das Tierschutzgesetz. Paragraf 17 hält dort fest: »Mit Freiheitsstrafe bis zu drei Jahren oder mit Geldstrafe wird bestraft, wer ein Wirbeltier ohne vernünftigen Grund tötet oder einem Wirbeltier aus Rohheit erhebliche Schmerzen oder Leiden oder länger anhaltende oder sich wiederholende erhebliche Schmerzen oder Leiden zufügt.« Die, die es wissen, melden es der Polizei und holen uns Jäger dafür zu Unzeiten aus dem Bett.

Doch wieder zurück zum Wochenende: Nachdem wir das Reh in die Wildkammer gebracht und versorgt haben, fallen wir müde in unsere Betten. Am nächsten Tag geht's wieder früh aus den Federn. Beim Morgenansitz bin ich so müde, dass ich auf dem Hochsitz erst mal die Augen schließe und noch einmal eindöse. Als ich aufwache, steht ein junger Bock vor mir und macht sich über die Salzlecke her.

Als er genug Salz aufgenommen hat, beginnt er genüsslich die Brombeerblätter von dem Strauch unter meinem Sitz zu äsen. Langsam geht er dabei an der Hecke entlang, immer wieder ein Blatt äsend, bis er aus meinem Sichtfeld verschwunden ist. Bei diesem Anblick bekomme ich nun selbst Hunger. Mein Magen erklärt mir, dass es langsam Zeit wird aufzubrechen, um zu frühstücken.

Beim Frühstück, zu dem wir alle zusammenkommen, berichten meine Jagdfreunde, was sie gesehen haben. Schon allein wegen des wunderschönen Wetters und des tollen Sonnenaufgangs sind alle sehr zufrieden. Der Jagdherr stößt hinzu und berichtet, dass der Bauer bereits angerufen habe. Er möchte das gute Wetter nutzen und seine Wiesen mähen. Das bedeutet Arbeit für uns. Warum? Weil im Mai die Rehkitze gesetzt, das heißt geboren werden und dann gut getarnt im hohen Gras der Wiesen liegen.

Die Ricken bringen meist zwei, manchmal eines und selten drei gepunktete Kitze zur Welt und legen diese einzeln in der Wiese ab. Dort liegen sie, während die Mutter auf Nahrungssuche geht. Gelegentlich schaut sie vorbei und säugt den Nachwuchs. Kitz und Ricke haben einen Schrei, mit dem sie sich verständigen. Beim Kleinen wird dieser sehr hohe Schrei Kitzfiep genannt. Der Ruf der Ricke ist etwas tiefer. Wer im Mai aufmerksam hinhört, der kann diese Töne vernehmen.

Da die Kitze nun in der Wiese liegen und sich instinktiv ohne ihre Mutter nicht von der Stelle bewegen, müssen sie von uns gefunden werden, bevor sie vom Mähwerk erfasst werden. Wir sind froh, dass uns der Bauer rechtzeitig Bescheid gibt. Es gibt auch Landwirte, die gar nicht erst melden, dass sie gleich mit der Mahd beginnen wollen.

Nach dem Frühstück schnappen wir uns Terrier Manni. Er gehört einem Berufsjägerlehrling, der ebenfalls zur Kitzsuche mitkommt. Manni soll in der hohen Wiese mit seiner guten Nase nach den Kitzen suchen. Zwar ist es für ihn auch sehr schwierig, die Kitze zu finden, da diese aus Tarnungsgründen keinen Eigengeruch haben, aber ein Hund hat die Nase trotzdem näher am Boden und sucht im Zickzack in kürzerer Zeit eine wesentlich größere Fläche ab als ein Mensch. Ich schnappe mir in weiser Voraussicht eine Packung Taschentücher. Meine Nase läuft jetzt schon, wenn ich nur an die hohen Wiesen denke.

Aus der Ferne sehen wir bereits den großen Traktor mit angehängtem Mähwerk in der Wiese fahren. »Der wollte doch erst in einer Stunde beginnen«, schimpft Max. Ich bin auch verärgert. Ich hoffe, dass in der Wiese kein Kitz liegt, denn die Gefahr, dass es ausgemäht, also durch die Messer des Mähwerks schwer verletzt oder gar getötet wird, ist sehr groß.

Wir fahren daher zur nächsten Wiese. Manni kommt an die lange Leine. Er zeigt Max durch sein Verhalten, wenn ein Kitz vor ihm liegt oder in der Nähe ist. Hunde, die nicht jagdlich ausgebildet sind, sollten in den Frühjahrsmonaten, von Anfang April bis Mitte Juli, generell an der Leine bleiben. Es geht sehr schnell, dass sie in der Wiese ein Rehkitz reißen, das bekommt der Halter oftmals gar nicht mit. Doch nicht nur Kitze sind gefährdet, auch viele andere Tiere, deren Brut- und Setzzeit ebenfalls in den Frühjahrsmonaten liegt. Dazu gehören vor allem Wiesenbrüter, wie der Große Brachvogel, die Bekassine oder der Kiebitz, und auch Feldhasen.

Max läuft mit Manni in der Mitte. Wir sind noch vier weitere Jäger, die sich links und rechts von den beiden aufstellen.

In einer Kette laufen wir langsam und aufmerksam durch die Wiese. Den Blick immer nach unten gerichtet. Meine Nase läuft, meine Augen jucken, aber ich gebe nicht auf. Der Job gehört für mich zum Jägerhandwerk.

Als wir die Wiese einmal systematisch abgesucht und nichts gefunden haben, sind wir zufrieden. Der Bauer darf hier nun weitermachen. Da er die erste Wiese bereits gemäht hatte, bevor wir diese absuchen konnten, betont Max ihm gegenüber noch einmal, dass es absolut nicht in Ordnung sei, das Risiko in Kauf zu nehmen, Rehkitze auszumähen.

Max schickt Jagdterrier Manni abschließend einmal über die bereits gemähte Wiese, um nach einem möglicherweise ausgemähten Kitz zu suchen. Es wäre mit Sicherheit noch nicht verendet und müsste von uns erlöst werden. Alle Jäger halten den Atem an. Es ist keine schöne Sache, ein gerade einmal wenige Tage altes Jungtier von seinen Qualen erlösen zu müssen. Aber zum Glück findet der Terrier nichts und wir können weiter zu den nächsten Wiesen.

Dort wird zwar heute nicht mehr gemäht, aber wenn das Wetter gut bleibt, ist es in den nächsten Tagen so weit. Damit der Bauer sich nicht mehr nach uns richten muss, suchen wir schon heute und stecken danach Wildscheuchen in die Wiese. Müllsäcke und Flatterbänder sollen die Ricken skeptisch machen. Sie kennen die flatternden, raschelnden Dinger nicht und legen ihre Kitze deshalb nicht in der Wiese ab.

Kitze zu Fuß zu suchen ist sehr mühselig, weil es im hohen Gras fast unmöglich erscheint. Wir müssten eigentlich fast darauftreten, um ein Kitz zu finden. Leider werden daher ja auch nicht alle gefunden. Doch auch hier gibt es Technik, die begeistert, weil sie alles einfacher macht.

Im Mai 2017 Jahr fuhr ich zu einem Freund, der sich in seinem letzten Ausbildungsjahr zum Berufsjäger befand. In den Ausbildungsrevieren gibt es riesige Wiesenflächen, die unmöglich zu Fuß und mit Hund abzusuchen sind. Deshalb kommt dort eine Drohne mit Wärmebildkamera zum Einsatz. Ich wollte mir das Ganze einmal genauer ansehen.

Morgens um vier Uhr klingelt der Wecker. Raus aus den Federn. Mit der Wärmebildkamera müssen die frühen Morgen- und die späten Abendstunden genutzt werden. Denn wie der Name bereits verrät, arbeitet die Kamera mit Wärme. Ein Kitz würde, je nach Einstellung, als roter Punkt auf dem Bild erscheinen. Prallt die Sonne aber bereits auf die Erde, wärmt diese sich auf und das Tier würde sich nicht mehr eindeutig von der Umgebung abheben.

Wir fahren mit dem Auto zur vereinbarten Wiese. Bis die Drohne fertig vorbereitet ist, dauert es ein wenig. Langsam beginnt es zu dämmern. Mit einem lauten »Pfff« hebt die Drohne ab. Systematisch wird sie über die Wiesen dirigiert. Sobald ein roter Punkt erscheint, lässt der Pilot die Drohne tiefer fliegen. Immer näher an den Punkt heran, bis wir auf dem Bildschirm erkennen können, was es ist: ein Hase.

Ferngesteuerte Drohnen sind ein erstklassiges Hilfsmittel bei den Kitzrettungsaktionen im Frühjahr.

Dieser springt selbstständig aus dem Feld, wenn es unruhig wird. Doch auch hier betrifft es, ähnlich wie bei den Rehen nur die ausgewachsenen Tiere. Junghasen werden leider auch Jahr für Jahr vom Mähwerk erfasst.

Weiter geht der Flug. Der nächste rote Punkt entpuppt sich als Rehkitz. Schnell eilen mein Jagdfreund und ich zu der Stelle, die die Drohne überfliegt. Im ersten Moment sehen wir nichts. Doch dann stolpern wir fast über das Kleine. Wir dürfen es nicht anfassen. Die Mutter würde es nicht mehr annehmen, wenn es nach Mensch riecht. Der Berufsjägerlehrling zieht Handschuhe aus seiner Tasche, streift sie sich über und reißt ein paar Grasbüschel aus. Diese nimmt er als weiteren Schutz zwischen die Handschuhe und das Kitz. Dann hebt er es aus der Wiese.

Doch nun wohin damit? Es gibt zwei Möglichkeiten. Wenn der Bauer gleich zu mähen beginnt, kann das Kitz außerhalb der Mähfläche in eine Kiste gebettet werden und nach der Mahd wieder an die Stelle gelegt werden, wo es gefunden wurde. Die andere Möglichkeit ist, das Kleine in den angrenzenden Wald, ein paar Meter entfernt von der Wiese, abzulegen. Die Mutter findet es dann dort und nimmt es mit, da das Rehkitz nach der Mutter rufen wird. Wir entscheiden uns für die zweite Variante.

Als wir zurückkommen, fliegt die Drohne bereits über dem nächsten Kitz. Auch dieses retten wir natürlich. Und es ist nicht das letzte an diesem Morgen. Gegen acht Uhr hören wir auf. Das Bild der Wärmebildkamera wird wegen der aufgehenden Sonne zunehmend schlechter. Nun haben wir uns ein ausgiebiges Frühstück verdient. Am Abend soll es weitergehen. Auch da sind wir erfolgreich. Bei solch einem Einsatz wird klar, dass Jäger, die Jungwild auf diese Weise vor dem Mähtod retten, angewandten Naturschutz betreiben – und das mit ganzer Leidenschaft!

Es gibt aber leider auch weniger schöne Momente, in denen wir Rehkitzen zu Hilfe eilen müssen. Wie zum Beispiel vergangenes Jahr, als mich mein Jagdfreund Max anrief. Im Nachhinein bin ich froh, nicht dabei gewesen zu sein, sondern nur seine Erzählung zu kennen. Eine aufgeregte Spaziergängerin hatte ihn angerufen, dass ein verletztes Rehkitz am Wegrand liegen würde. Max fuhr sofort hin.

Das Kitz lag mit mehreren Bissverletzungen am Äser ganz apathisch da. Ohne lange zu überlegen, zog er sein Messer und setzte dem Leid ein Ende. Die Bisswunden wurden durch einen wildernden Hund verursacht. Oft lassen Hundebesitzer beim Spaziergang ihren Vierläufer von der Leine und bekommen gar nicht mit, was er so treibt. Daheim ist er ja auch brav und so vergessen sie oft, dass der Hund eigentlich ein Raubtier ist. Der Fall wurde natürlich der Polizei gemeldet, doch das macht das Kleine auch nicht wieder lebendig.

Viel schlimmer ist aber, wenn es das Muttertier erwischt und die Kitze noch auf es angewiesen sind. So war es bei einem anderen Bekannten vor einigen Jahren. Allerdings war da der Übeltäter kein Hund, sondern ein Auto: Der zuständige Jäger wird von der Polizei zu einem Wildunfall gerufen. Der Autofahrer hat eine Sau erwischt, die aber nicht am Unfallort liegt. Nun muss der Jäger mit seinem Hund nachsuchen. Er folgt der Schweißspur. Immer tiefer geht es in den Wald. Und plötzlich steht er vor einer toten Bache. Zehn Meter weiter ist ihr Kessel, ihre »Wohnung«. Darin liegen sieben kleine gestreifte Frischlinge. Diese sind nun Waisenkinder. Sie sind gerade einmal drei oder vier Tage alt. Aber was nun tun?

Plötzlich über das Schicksal von sieben kleinen Frischlingen entscheiden zu müssen ist schon eine Herausforderung. Trotzdem packt der Jäger sie erst einmal ein. Gemeinsam mit den ortsansässigen Jägern wird beratschlagt. Die sieben Gestreiften werden aufgeteilt. Jeder bekommt einen. Darunter auch der Vater meines Bekannten. Wenn der Sohnemann heute von seiner Elsbeth erzählt, erscheint es mir, als erzähle er von seiner Sandkastenfreundin.

Im Ort gibt es eine Schweinemast, dort bekommt er Schweineaufzuchtmittel. Alle zwei bis drei Stunden wird das kleine Wildschweinmädchen mit einem Babyfläschchen gefüttert. Wohnen darf es im Flur in einer Hundetransportbox. Aber nicht lange. »Elsbeth hat angefangen zu randalieren. Erst hat sie die Box zerlegt und sich dann über Schuhe und Weiteres hergemacht. Alles Dinge, die Mutti nicht so dolle fand«, erzählt mein Jagdfreund mit einem Lachen im Gesicht, wie immer, wenn er von seiner Elsbeth berichtet.

So kam es, dass der Frischling, der trotz seines Hangs zum Vandalismus noch immer sehr klein ist – etwa fünf Kilo bringt er auf die Waage –, einen Platz im Freien bekommt. Elsbeth wird in ein kleines Gehege gesetzt, in dem sie sich austoben kann. Tagsüber spielte sie mit den Kindern auf der Wiese. Nur wenn mein Bekannter, die Bezugsperson von Elsbeth, im Spiel von seinem Bruder angerempelt wird, findet es die junge Bache nicht mehr lustig und verteidigt ihren Ziehpapa. Genauso auch, wenn fremde Menschen zu Besuch kommen. Die Bache stellt sich erst mal dazwischen und verteidigt ihre »Rotte«, so wie es beispielsweise bei Kühen die Herde ist.

Auch bei Spaziergängen durchs Dorf ist Elsbeth stets dabei. Sie läuft ihrer Bezugsperson einfach überall hinterher.

Und wenn sie sich versteckt, sucht sie so lange, bis sie sie findet. Diese ungewöhnliche Freundschaft zwischen einem Jungen und einer Wildsau dauerte dreizehn Jahre. Dann muss der Junge, der inzwischen selbst Jäger ist, sie aufgrund von Altersschwäche gehen lassen. Doch bis heute werden Geschichten über Elsbeth erzählt und es gibt noch viele Bilder, die an diese schöne Zeit erinnern.

Die Geschichte zeigt, dass ein Jäger nicht nur Leben nimmt, sondern auch Leben schenkt. Es geschieht nicht selten, dass junge Wildtiere als Waise übrig bleiben, weil das Muttertier Opfer des Straßenverkehrs wurde. Wenn sich kein Jäger darum kümmern würde, würden sie mit Sicherheit verenden. Das ist mit ein Grund, warum es so wichtig ist, dass ein Wildunfall gemeldet wird.

Oft frage ich mich, warum ein Wildunfall nicht gemeldet wird. Ist es Unwissenheit oder fehlt der Bezug zur Natur? Was es im Einzelnen ist, weiß ich nicht. Ich weiß nur, dass es häufig geschieht. Sonst hätten wir nicht so viel Wild, bei denen sich verheilte Frakturen nachweisen lassen, oder Böcke, die halb tot im Wald gefunden werden, wie es im Sommer 2017 geschah.

Es ist ein Sonntagmittag im Juli, die Sonne scheint. Ich bin mit einem Kollegen, ebenfalls Jäger, gerade von einer großen Wanderung zurückgekehrt. Bevor wir nach Hause gehen, trinken wir noch einen Kaffee. Plötzlich klingelt sein Handy. »Im Revier haben Wanderer einen Rehbock gefunden. Er lebt noch, kommt aber nicht mehr vom Fleck«, sagt mein Kollege. Schnell trinken wir die letzten drei Schluck Kaffee und fahren ins Revier. Vorher holen wir noch eine Waffe und ein Messer.

An der beschriebenen Stelle angekommen, beginnen wir gründlich den Waldboden abzusuchen. Es ist gar nicht so einfach, wenn es keine Straßen und Hausnummern zur Orientierung gibt. Die Wanderer sind leider nicht mehr da, um uns zum Reh zu führen. Doch nach etwa zwanzig Minuten sehe ich den Bock etwa dreißig Meter vor uns liegen. Es ist kein schöner Anblick. Fast leblos liegt er da. Ich bleibe stehen, um dem Tier unnötige Panik zu ersparen. Es reicht, wenn einer von uns hingeht.

Mein Kollege geht zu dem Tier und erlöst es mit dem Messer von seinem Leid. Wir warten einige Minuten, bis das Leben vollständig aus ihm gewichen ist. Dann wollen wir wissen, warum der noch recht junge Bock hier so liegt. Er ist schon ganz kalt und unter seinem Körper sind die trockenen Buchenblätter ganz platt gedrückt. Das arme Tier muss also schon eine Weile gelegen haben.

Äußerlich sieht der Bock unversehrt aus. Keine offensichtlichen Verletzungen und er ist auch nicht zu dünn. Dann schauen wir uns die Organe an: Die Lunge ist bereits ganz blass. Die Leber hat nicht den natürlichen rotbraunen Ton, sondern ist lila. Und die Milz ist um das Dreifache vergrößert. Das ist seltsam. Ich mache Bilder und schicke sie einer Tierärztin und guten Freundin von mir. Aus der Ferne ist es immer schwer, eine Diagnose zu treffen, aber sie vermutet, dass der Bock Opfer eines Verkehrsunfalls geworden ist und aufgrund eines Milzrisses innerliche Blutungen hatte.

Das arme Tier muss über mehrere Stunden starke Schmerzen gehabt haben. Solches Leid kann vermieden werden, wenn ein Wildunfall gleich bei der Polizei gemeldet wird und der zuständige Jäger mit seinem Hund nachsuchen kann. Und auch wenn diese Suchen nicht immer erfolgreich sind, ist es unsere ethische Verpflichtung, unsere waidmännische Pflicht, verletztes Wild aufzufinden zu versuchen, um es zu erlösen.

Um das Bewusstsein für unsere Wildtiere und die Natur bereits in jungen Jahren zu stärken, gehe ich gerne mit Kindern in den Wald. Da mein Vater als Sonderschullehrer arbeitet, sitzt er quasi an der Quelle. »Heute geht's zu Jägerin Sophia in den Wald«, heißt es dann. Um neun Uhr morgens steht die Rasselbande, bestehend aus vier Schülern, bei mir auf der Matte. Damit die Kinder erst mal ausgelastet sind und später besser zuhören können, werkeln wir zunächst gemeinsam an einem Hochsitz.

Alle sind mit viel Freude und Konzentration dabei. Jeder hat seine Aufgabe. Der eine hat den Zollstock und übernimmt das Abmessen, zwei haben Hammer und Nägel und der Vierte schaut, dass alles mit rechten Dingen zugeht, und hilft da, wo

Das erste Rehkitz ist gefunden! Was für ein Glück, dass es rechtzeitig vor dem Beginn der Mahdarbeiten entdeckt wurde und gerettet werden konnte.

gerade noch eine Hand benötigt wird. Da wir alles gut vorbereitet haben und die Kinder tatkräftig unterstützen, ist der Drückjagdbock, dabei handelt es sich um eine erhöhte Plattform mit Geländer, nach zwei Stunden schon fast fertig und wir haben uns eine Pause verdient. Die Kinder springen über den Hof und sind plötzlich verschwunden. Ich kann mir schon denken, wo sie stecken, und male mir bereits aus, wie deren Eltern mich rügen werden.

Wie befürchtet haben die Kinder die Wildkammer entdeckt und stehen nun mit großen Augen vor den am Vorabend erlegten Rehen. Keines der Kinder beginnt zu weinen, im Gegenteil, sie zeigen Interesse und löchern mich geradezu mit Fragen. »Warum hängen die hier so?«, »Wieso wurden die geschossen?« und vieles mehr. Ich erkläre ihnen, dass kurz vor Weihnachten viele Menschen Wildfleisch bestellen, weil sie es an den Feiertagen gemeinsam mit der Familie zubereiten und essen möchten. Wir haben Rehe erlegt, damit es an Weihnachten frisches Fleisch von glücklichen Tieren gibt. Ich zeige ihnen ein Kitz, das ziemlich klein ist. Vermutlich ist es zu spät geboren worden. »Wenn es dieses Jahr einen kalten Winter geben sollte, hätte es nicht überlebt. Dann essen wir es doch lieber, bevor es jämmerlich erfrieren muss und einfach so im Wald liegen bleibt.«

Nachdem alle Fragen beantwortet sind, geht es in den Wald. Wir bringen Kastanien und Mais für die Wildschweine raus und schauen, ob wir am Boden Spuren finden können. Eifrig suchen die Kinder und sind auch erfolgreich. Sie finden Spuren von Rehen, Wildschweinen, Fuchs und mehr. Natürlich helfe ich und erkläre ihnen, woran sie erkennen, welches Tier hier unterwegs war.

Nachdem wir den Drückjagdbock fertig gebaut haben, darf jedes Kind noch darauf unterschreiben. Dann ist der Tag leider schon vorbei. Mit den Worten »Wir gehen nur, wenn wir bald wiederkommen dürfen«, verabschiedet sich die Rasselbande. Als ich das nächste Mal anlässlich einer Veranstaltung die Schule besuche, lerne ich auch die Eltern der Kinder kennen. »Sie sind also die Jägerin?«, fragt mich eine Mutter. »Wir finden das so klasse! Unser Sohn hat so viel berichtet und so viel Spaß im Wald gehabt. Vielen Dank, Frau Lorenzoni!« Mir fällt ein Stein vom Herzen. Ich hatte schon mit Sprüchen wie: »Warum zeigen Sie unseren Kindern tote Tiere?!« oder Ähnlichem gerechnet. Ich bin glücklich, dass ich wieder ein paar Menschen mehr an meiner Passion teilhaben lassen konnte. Und das, ohne dass wir etwas erlegt haben. Jagd ist eben nicht nur schießen!

Der Landesjagdverband Baden-Württemberg hat gemeinsam mit dem Deutschen Jagdverband eine Initiative ins Leben gerufen, bei der Kindern und auch Erwachsenen die Natur wieder nähergebracht werden soll. Dazu gibt es eine zertifizierte Ausbildung zum Naturpädagogen, die auch ganz oben auf meiner persönlichen To-do-Liste steht. Es gibt kaum eine bessere Möglichkeit, unsere Gesellschaft für den Umgang mit der Natur zu sensibilisieren, als über diesen Weg. Die Menschen müssen eintauchen können in die Welt der Wildtiere, um sich in sie hineinversetzen zu können und später in der Natur mit dem entsprechenden Bewusstsein an sie heranzutreten, sodass ein Einklang mit Mensch und Natur möglich ist.

Gewissens-bisse – wenn ein Schuss danebengeht …

Es ist Winter und eine weiße Schneedecke liegt auf der Wiese vor mir. Emil liegt auf meinem Schoß unter der Decke und beginnt plötzlich zu vibrieren. Und wie vom Teckel zuverlässig angekündigt, treten auf einmal vier Überläufer aus dem Wald auf die Wiese. Ich entscheide mich dafür, den schwächsten, also den kleinsten, zu erlegen. Langsam nehme ich die Waffe hoch, konzentriere mich auf einen sicheren Schuss und drücke ab. Er liegt im Knall, ist also direkt verendet. Die anderen Sauen haben sich aus dem Staub gemacht. Emil, den ich vor dem Schuss neben mich aufs Sitzbrett gelegt habe, schaut mich erwartungsvoll an. In einer solchen Situation habe ich kein schlechtes Gewissen. Ich bin zufrieden und erleichtert, dass alles gut geklappt hat. Anderenfalls müsste ich die Jagd vermutlich aufgeben. Aber: Es gibt Situationen, in denen mich mein Gewissen sehr wohl plagt. Je nach Treffpunktlage und Munition sowie der Wildart, verendet ein Tier an Ort und Stelle – oder flüchtet, trotz des tödlichen Treffers, noch bis zu hundert oder hundertfünfzig Metern.

So geschehen an einem Tag im Mai: Ich sitze auf einem Hochsitz im Hochwald. Etwa siebzig Meter vor mir beginnt eine junge Fichtendickung. Plötzlich tritt dort ein Bock aus. Ich schaue durch mein Fernglas und betrachte den Rehbock. Da Rehwild gerne die Triebe der Fichten knabbert und in der genannten Fichtendickung besonders viel verbissen ist, hat uns die Försterin gebeten, hier den überhöhten Rehbestand im Auge zu behalten.

Vorsichtig nehme ich die Waffe hoch, damit er mich nicht vorzeitig bemerkt. Ich stelle das Zielfernrohr auf sechsfache Vergrößerung und warte. Als der Bock richtig steht, entsichere ich meine Waffe, atme noch einmal ruhig und tief aus und drücke ab. Der Schuss durchbricht die Stille. Der Bock schlägt einen großen Bogen durch den Hochwald und flüchtet zurück in die Fichtendickung. Was war das? Getroffen habe ich, das habe ich an seiner Reaktion erkannt – der Bock hat gezeichnet. Er hat gezuckt, ist vorn kurz zusammengebrochen und dann in tiefer Gangart davon. Das ist ein eindeutiges Zeichen für einen Lungenschuss, einen Treffer in ein lebenswichtiges Organ.

Außerdem habe ich beim Abdrücken nicht verrissen und auch der Bock hat sich in der entscheidenden Sekunde nicht bewegt. Ein weiterer Grund, der mich in meiner Vermutung, die Lunge getroffen zu haben, bestätigt. Wie üblich bleibe ich noch auf dem Sitz und frage mich, ob das Reh wirklich verendet ist. Auch wenn ich mir sicher bin, kann ich es immer erst glauben, wenn ich das Tier wirklich vor mir liegen sehe. Der Jäger versucht, sich nach dem Schuss völlig ruhig zu verhalten, damit das Wild den Hochsitz nicht mit dem Knall und dem sterbenden Artgenossen verknüpft.

Nach zehn Minuten muss ich nachschauen und mein Gewissen beruhigen. Solange ich das verendete Tier nicht im Blick habe, kann ich nicht zur Ruhe kommen. Gleich hinter den ersten Fichten liegt der Bock. Plötzlich läuft mir ein warmer Schauer den Rücken herunter. Ich bin überglücklich! Der Schuss sitzt genau dort, wo ich hingezielt habe, wo er hinsollte. Alles ging so schnell, dass das Reh sicher nichts mehr vom Schuss mitbekommen hat.

Anders ist es, wenn ein Tier krankgeschossen wird, also nur verletzt wird, und flüchtet. Doch auch das passiert: In einer kalten Novembernacht mache ich mich auf den Weg ins Revier, um mit Jagdfreund Andreas auf Sauen anzusitzen. Ich fahre gerade mit meinem Auto über die Reviergrenze, als mein Handy eine neue WhatsApp-Nachricht anzeigt. »Komm schnell, hier steht eine Rotte Sauen auf der Wiese. Lass uns die zusammen anpirschen!« Der Jagdfreund ist keiner, der sofort selbst die Chance nutzt, sondern sich freut, wenn er jemand anders zum Jagderfolg bringen kann.

Er schreibt mir noch, wo er sich gerade genau befindet, und ich fahre mit dem Auto nur so weit, dass die Scheinwerfer des Fahrzeugs die Sauen nicht vorzeitig warnen können. Dann steige ich aus und gehe die restliche Strecke zu Fuß. Als ich ankomme, beginnt er aufgeregt, mit gedämpfter Stimme zu erzählen: »Die ganze Wiese stand voller Sauen. Eine Rotte ist gerade nach unten in den Wald gezogen. Da stehen aber noch drei Überläufer.«

Ich nehme mein Fernglas hoch und schaue in die Richtung, die er mir zeigt. Tatsächlich! In etwa dreihundert Meter Entfernung sehe ich drei schwarze Klumpen, das müssen die ein- bis zweijährigen Jungspunde sein. Es ist zu weit, um sicher zu schießen, vor allem im Stehen, ohne Auflage. »Lass uns vorsichtig zu dem Hochsitz da unten pirschen. Dort sind wir wesentlich näher dran und du kannst im Sitz einen sicheren Schuss antragen.« Gesagt, getan. Vorsichtig und dabei stets die Sauen im Blick, machen wir uns auf den Weg.

Wir müssen aufpassen, die Wiese ist nass und rutschig. Der Wind steht günstig. Er weht uns entgegen, sodass uns die Sauen nicht wittern können. Langsam kommen wir dem Sitz immer näher. Die Überläufer sind noch immer dabei, kleine Engerlinge aus der Wiese zu wühlen und ihren Eiweißhaushalt aufzufüllen. An der Kanzel angekommen, steigen wir möglichst leise nach oben. Die Tür knarzt, als wir sie vorsichtig öffnen. Schnell schauen wir uns um, ob es die Sauen auch gehört haben. Doch die sind zum Glück beschäftigt!

Endlich sitzen wir in der Kanzel. Die ganze Zeit schon war es aufregend. Bleiben die Sauen, oder sind sie gleich satt gefressen und kehren zurück in den Wald? Schaffen wir es unbemerkt bis auf die Kanzel und, und, und? Doch dann ist es so weit. Ich habe die Waffe im Anschlag und sehe die drei Überläufer auf der Wiese. Sie haben alle etwa dieselbe Größe. Wir sprechen uns ab, welchen der drei Überläufer ich ins Visier nehmen soll, damit Andreas ihn durch das Glas beobachten kann. Ich richte das Fadenkreuz auf die Sau, die ganz rechts in der Wiese steht. Sie steht breit. Perfekt für einen Schuss.

Ich konzentriere mich und platziere das Fadenkreuz auf dem Schulterblatt der Sau. Eins, zwei … Mist! Ich höre den lauten Knall, die drei Überläufer verschwinden in den Wald und ich habe ein ungutes Gefühl. Im Schuss habe ich gemerkt, dass ich minimal nach links verrutscht bin. Und ich bin mir sicher, dass ich den Überläufer nicht, wie beabsichtigt, in die Lunge, sondern zu weit hinten, in den Magen-Darm-Bereich getroffen habe.

»Alle drei sind ab«, kommentiert der Jagdfreund neben mir. »Ich habe ihn waidwund geschossen«, lautet meine Antwort. Er versucht mich zu beruhigen. Ich mache mir Vorwürfe. Warum nur habe ich verrissen? Ich kann es mir nicht erklären. Am liebsten möchte ich meine Waffe packen, in den Wald rennen, den Überläufer suchen und ihn von seinem Leid erlösen, das ich verursacht habe. Doch es ist dunkel und verletzte Sauen können sehr gefährlich werden.

Ich rufe einen befreundeten Nachsuchenführer an. Er hört sich meine Geschichte an und sagt dann: »So wie sich das anhört, hast du gefehlt. Aber ich komme natürlich! Wenn meine Hündin nichts anzeigt, kannst du sicher sein, dass du nicht getroffen hast, und mit gutem Gewissen nach Hause fahren.« Die Zeit, bis er bei uns eintrifft, erscheint mir endlos. Dann kommt er mit seiner weiß-braunen Münsterländerhündin. Wir führen das Nachsuchengespann an die Stelle, an der die Überläufer zum Zeitpunkt der Schussabgabe auf der Wiese standen. Die finden wir recht gut, denn dort haben sie nicht zu übersehende Erdlöcher hinterlassen.

Ausgetretener Schweiß bestätigt dem Jäger, dass er nicht gefehlt hat. Der hier zu sehende Lungenschweiß deutet auf eine kurze Todesflucht hin.

Mithilfe einer Taschenlampe suchen wir auf der Wiese nach Hinweisen, wie Schweiß oder Borsten, die beim Schuss durch die Kugel abgeschnitten werden, jagdsprachlich werden diese bei Sauen Schnittborsten genannt. Doch wir finden nichts dergleichen. Ich bin mir meiner Kugel jedoch sicher und bekomme auch prompt die Bestätigung. Die Hündin hängt plötzlich fest im Riemen. Ein eindeutiges Zeichen für ein krankes Tier. Das geschulte Auge des Hundeführers sieht nun auch Mageninhalt. »Da müssen wir morgen früh ran, wenn es hell ist«, sagt er mehr zu seiner Hündin als zu uns. In der Dunkelheit einer kranken Sau nachzugehen wäre grob fahrlässig. Denn in der Nacht ist es kaum möglich, eine weitere Flucht des beschossenen Tieres durch den Hund oder einen Schuss zu stoppen. Hinzu kommt, dass ein waidwund geschossenes Tier, das zu früh nachgesucht wird, aufgemüdet werden würde. Es würde vom Schock und Adrenalinschub angetrieben noch kilometerweit laufen.

Wird es nun aber in Ruhe gelassen, kann es bis zum nächsten Morgen ins sogenannte Wundbett gehen, sich also niederlegen, und könnte dann erlöst werden. Daher brechen wir ab und verabreden uns für den nächsten Tag. Tief in Gedanken versunken gehe ich ins Bett. Ich finde kaum Schlaf und bete, dass die paar Stunden bis zum Sonnenaufgang schnell vorübergehen. Um halb neun stehen wir wieder auf der Wiese. Die Münsterländerhündin weiß bereits, worum es geht. Wenn das Herrchen seine rote Sauenschutzhose anzieht, ist ihr klar, dass es Arbeit für sie gibt. Eine solche Hose ist wichtig, da vor allem verletzte Sauen sehr aggressiv werden können. Bachen können kräftig zubeißen, meist ins Bein. Keiler hingegen nutzen ihre langen Waffen, die Eckzähne, und versuchen dem Menschen damit zwischen die Beine zu stoßen und die Innenseite der Oberschenkel aufzuschlitzen, was lebensgefährlich sein kann. Daher sind zertifizierte stabile Hosen von enormer Wichtigkeit für einen Jäger, der möglicherweise in Kontakt mit einer verletzten Sau kommen könnte. Im Übrigen: Auch bei einem Wildunfall mit einem Wildschwein ist ganz besondere Vorsicht geboten!

Die Hündin trägt eine spezielle Halsung, die extra etwas breiter ist, damit sie nicht einschneidet, wenn sie zieht. Daran befestigt ist ein etwa zehn Meter langer Schweißriemen. So wird die lange Leine, die bei der Nachsuche eingesetzt wird, genannt. Die Nachsuche ist der einzige Ausnahmefall, bei dem ein Jagdhund ziehen darf. An der Leine hat der Hund bei Fuß zu gehen. Diesen langen Schweißriemen hält der Jäger fest in der Hand, um dem Hund, der die Fährte aufgenommen hat und ihn zum Tier führt, folgen zu können. In früheren Zeiten war der Schweißriemen in der Regel aus Leder, heutzutage ist er meist aus Biothane, da dieses Kunststoffmaterial leicht durch Dornen und Gestrüpp gleitet und zugleich sehr robust und zudem wasserfest ist. Hinzu kommt, dass es Biothane im Gegensatz zu Leder in verschiedenen Signalfarben gibt.

Das Verhalten der Hündin zeigt ganz klar, dass ich die Sau getroffen habe. Ansonsten würde sie nicht so zielstrebig in den Wald ziehen, sondern weiter mit der Nase am Boden nach einer Wundfährte, so nennen die Jäger den »Weg«, auf dem das angeschossene Wild geflüchtet ist, suchen. Nun ist ihre gute Nase gefragt. Mein Jagdfreund und ich bleiben am Waldrand stehen. Wir lassen Hund und Hundeführer in Ruhe ihre Arbeit machen. Ein kurzes Stück sehen wir die beiden noch, dann verschwinden sie hangabwärts in den dichten Brombeerhecken.

Wir können nur noch hören, wo sich die beiden befinden, sie aber nicht mehr sehen. Es raschelt immer wieder, und ab und zu wird die Hündin gelobt oder mit einem »Such verwund!« animiert, weiter ihre Nase einzusetzen. Ich stehe am Anschuss und drücke die Daumen. Ich hoffe inständig, dass das Wildschwein nicht mehr weit geflüchtet ist und die Münsterländerhündin es schnell findet, damit es erlöst werden kann.

Plötzlich beginnt sie zu bellen. Sie gibt Standlaut. Das bedeutet, dass sie am verletzten Wildschwein angekommen ist. Kurz darauf hören wir den Nachsuchenführer seinen Hund zu sich rufen, damit er freies Schussfeld hat. Dann knallt es auch schon. Danach kehrt Ruhe ein. Hoffentlich hat dieser Schuss die Sau tödlich getroffen. Wir trauen uns kaum, Luft zu holen, weil wir nicht wissen, ob der Hundeführer noch einmal schießen muss. Doch dann folgen die erlösenden Worte: »Sau liegt, ihr könnt mir beim Bergen zu Hilfe kommen!«

»Suchenheil!«, rufe ich in die Brombeeren hinein und bin erleichtert, dass alles ein gutes Ende genommen hat. Dann versuche ich mir einen Weg durch die Dornen zu bahnen. An der Sau angekommen, sehe ich gleich, dass mich mein Gefühl nicht getäuscht hat. Der Schuss sitzt exakt an der Stelle, an der ich ihn vermutet habe. Er ging genau durch den Magen und die Gedärme hindurch. Etwa vierhundert Meter ist die Sau vom Schuss bis hierhin noch gelaufen. Ich bedanke mich überschwänglich beim Hundeführer, dass er die Arbeit mit seinem Hund auf sich genommen hat. »Ich werde ihm zum Dank einen Gutschein für die Therme besorgen, in die er so gerne geht«, überlege ich mir.

Dann beginnt die schwere Bergearbeit und wir versuchen die Sau durch die widerspenstigen Ranken und Dornen nach oben in Richtung Wiese zu ziehen. Immer wieder bleibt ein Lauf oder das Gebrech, also die Schnauze der Sau, in einer Dornenranke hängen, und wir müssen jedes Mal erst die Sau von den Ranken befreien, bevor es weitergehen kann. Verschwitzt und völlig außer Atem kommen wir mit der sechzig Kilo schweren Sau nach etwa zwanzig Minuten oben an.

Dort schnappen wir erst einmal nach Luft. Wir sind alle überglücklich, dass wir die Sau gefunden haben. Ich freue mich außerdem, dass ich mich durchgesetzt habe und einen Hundeführer mit seinem Hund zu Hilfe gerufen habe. Die Sau wäre ansonsten unter großen Schmerzen verendet. Hätte der Hund sich nicht in den Riemen gehängt, sondern nur im Bereich der Wiese interessiert an den Stellen gesucht, wo zuvor die Sauen standen, wäre klar gewesen, dass ich tatsächlich einen Fehlschuss abgegeben hätte. Dann wären Hund und Hundeführer zwar umsonst gekommen, aber zumindest hätte ich dann mit einem ruhigen Gewissen einschlafen können.

In so einem Fall ist es wichtig, dass wir Jäger uns Fehler eingestehen und einen Nachsuchenführer lieber einmal zu viel als einmal zu wenig anrufen. Es wird einem keiner den Kopf abreißen, wenn er umsonst gerufen wurde. Nachsuchenführer sind alle selbst Jäger und kennen das Gefühl der Ungewissheit aus eigener Erfahrung nur zu gut. Zu den typischen deutschen Schweißhunderassen gehören der Hannoversche Schweißhund, der Bayerische Gebirgsschweißhund und die Alpenländische Dachsbracke. Sie werden für professionelle Nachsuchen, die oft über etliche Kilometer gehen, eingesetzt, zum Beispiel nach einer Drückjagd oder wenn ein Wildtier von einem Auto erfasst wurde und sich nur eine Fraktur am Bein zugezogen hat, aber noch flüchten konnte. Diese Rassen sind speziell für die Schweißarbeit, also für die Nachsuche von verletztem oder krankgeschossenem Wild, gezüchtet worden. Ein ruhiges Temperament und eine besonders gute Nase zeichnen sie aus. Kürzere Nachsuchen können aber auch alle anderen bekannten Jagdhunderassen bei entsprechender Ausbildung leisten. Wie in meinem Fall, da war es die Kleine-Münsterländer-Hündin.

Nach einer kurzen Verschnaufpause laden wir die Sau ein, fahren zur Wildkammer und brechen sie auf. Die Organe sind in einwandfreiem Zustand. An der Stelle, an der mein Schuss sitzt, müssen wir großräumig Fleisch wegschneiden. Weil ich mit dem Schuss den Magen-Darm-Bereich getroffen habe, sind Bakterien über die Blutbahn in das Fleisch eingedrungen und haben es an dieser Stelle ungenießbar gemacht. Das weitere Wildbret kann jedoch ohne Bedenken verzehrt werden, nachdem wir, wie im ersten Kapitel erläutert, eine Trichinenprobe entnommen und zur Untersuchung beim zuständigen Veterinäramt eingereicht haben und dieses grünes Licht gegeben hat.

Nachdem wir die Wildkammer aufgeräumt und gesäubert haben, packen wir unsere Sachen zusammen und fahren erschöpft, aber zufrieden nach Hause. Nach solchen Erlebnissen setze ich mich gerne mit Strickzeug und meinem Teckel aufs Sofa und hänge meinen Gedanken nach.

Hochwertige Pelze aus heimischer Jagd

Es ist ein schöner Morgen im Mai. Die Sonne steigt gerade über die Baumwipfel und scheint in die Kanzel, in der ich sitze. Mit geschlossenen Augen sauge ich jeden Strahl ein, den ich erwischen kann. Plötzlich durchbricht ein herzzerreißender Schrei die wohltuende Stille. Ich schrecke hoch. Es ist ein Hase, der, im wahrsten Sinne des Wortes, um sein Leben schreit. Ich kann mir schon denken, wer der Übeltäter ist. Das Klagen hält noch eine Weile an, bis es immer leiser wird und schlussendlich versiegt.

Und tatsächlich, wenige Minuten später höre ich es im Unterholz knacken. Durch mein Fernglas sehe ich einen Fuchs mit seiner Beute. Im Fang trägt er einen Junghasen. Den Hasen, den ich eben noch schreien gehört habe. Die Natur scheint manchmal grausam.

Es ist logisch, dass der Fuchs als Raubtier für seine Jungen keine Blümchen sammelt und ihnen zum Fraß anbietet. Aber wenn wir bedenken, dass unser Niederwildbesatz, also die Population von Feldhase, Rebhuhn und Fasan, die es früher zuhauf gab, immer geringer wird und Fuchs, Marder, Dachs und all das andere größere Raubwild keinen natürlichen Feind haben, einmal abgesehen vom in Deutschland wieder vorkommenden Wolf, liegen die Folgen auf der Hand: Vermehren sich die Füchse unkontrolliert und ernähren sich so, wie es in ihrer Natur liegt, leidet darunter das Niederwild. Doch neben dem Raubwild sind auch die Greifvögel nicht zu unterschätzende natürliche Feinde von Hase und Co. Hinzu kommen die Folgen durch die heutige Landwirtschaft. Riesige Felder und Monokulturen, auf denen kaum noch Hecken und Blühstreifen zu finden sind, wo doch genau diese den Lebensraum der Fasanen und Rebhühner bilden. Neben dem von Jägern und sehr wenigen Landwirten in Eigeninitiative verantworteten Anlegen solcher Blühstreifen in (heute leider nur noch selten vorkommenden) Niederwildrevieren können und müssen wir Grünröcke beim Raubwild eingreifen, um wenigstens das bisschen Niederwild, das wir in Deutschland noch haben, zu schützen.

Trotz dieser triftigen Gründe zum Schutz des Niederwilds habe ich mich entschieden, Raubwild nur dann zu bejagen, wenn ich es auch verwerten kann. Im Winter sind die Felle, oder, wie der Jäger sagt Bälge, herrlich dicht und können, nachdem sie vom Gerber zurückkommen, zu wunderschönen, wärmenden Stücken weiterverarbeitet werden.

Gerber und Kürschner werden häufig synonym verwandt, jedoch widmet sich der Gerber in der Regel der Ledergewinnung und eventuell der Weiterverarbeitung und der Kürschner verarbeitet Pelze und fertigt daraus Kleidungsstücke, Decken und Accessoires. Vor allem die Winterpelze sind hervorragend geeignet, um daraus herrlich wärmende Winterkleidung herzustellen. So, wie sie das Tier im Winter wärmen, halten sie auch den Menschen in Form eines Kleidungsstückes warm.

Leider eignet sich allerdings nicht jeder Winterfuchsbalg zum Verarbeiten. Gebietsweise leiden die Rotröcke stark an Räude. Diese durch Milben hervorgerufene Hautkrankheit führt zu hochgradigem Juckreiz, Knötchen- und Bläschenbildung, Schorfkrusten sowie Haarausfall. Oft laufen die Füchse fast nackt durchs Revier, was im Winter schnell den Tod durch Kälte bedeutet. Da Räude sehr ansteckend ist und zu einem qualvollen Tod führen kann, sollten diese Tiere schnell erlöst werden. Leider kann der Balg dann nicht mehr verwertet werden. Aufgrund der hohen Ansteckungsgefahr, auch für unsere Haustiere, vor allem unsere Hunde, muss räudekrankes Wild über die Tierkörperbeseitigung entsorgt werden.

Doch zurück zu den gesunden Tieren. Selbstverständlich kostet die Verarbeitung der Bälge einiges. Schließlich handelt es sich um ein sehr altes Handwerk, das auch heute noch viel Zeit und Handarbeit benötigt. Es wird auch unterschieden, ob der Jäger das Fell selbst abzieht oder das ganze Tier beim Gerber abgibt. Wer die Arbeit selbst erledigt und nur das Fell zur Weiterverarbeitung abgibt, der zahlt für einen Fuchsbalg etwa dreißig Euro. Muss der Gerber diese Arbeit und das Entsorgen

Die Revierkanzeln lassen sich auch wunderbar als Ruheplatz »zweckentfremden«. Sophia genießt die ersten Sonnenstrahlen im Frühjahr.

über die Tierkörperbeseitigung übernehmen, kommen noch gut zwanzig Euro hinzu. Etwa sechzig Euro pro Fuchs für einen Jäger, der nicht selbst abbalgt, ist natürlich ein Preis, der abschreckt und den sich nicht jeder leisten kann oder mag. Und meistens bleibt es ja auch nicht bei einem Fuchs. Wer aktiv Niederwildhege betreiben will, muss deutlich mehr und auch anderes Raubwild, wie Marder und Dachs, erlegen. Da kommt schnell eine beachtliche Summe zusammen.

Der Landesjagdverband Baden-Württemberg hat sich darüber Gedanken gemacht und gemeinsam mit Kürschnern, Auerwild-Hegeberatern des Landesjagdverbandes und Vertretern der pelzverarbeitenden Gewerbe die Marke »Schwarzwald-Pelz aus nachhaltiger Jagd« ins Leben gerufen. Im Schwarzwald gibt es noch einen kleinen Bestand an Auerwild, der vom Aussterben bedroht ist. Dieser soll durch die Jagd auf Prädatoren, und dazu zählt das Raubwild, geschützt werden. Gleichzeitig sollen die Fuchsbälge zu hochwertigen Artikeln verarbeitet werden.

Zum Thema Pelz gibt es leider sehr viele Lügen und Unwahrheiten, die sich in den Meinungen der Menschen widerspiegeln. Viele verbinden Pelz mit dem Gedanken an Tierquälerei, etwa an gezüchtete Nerze, die in ihrem Leben nicht einen Sonnenstrahl gesehen haben. Doch auch in der heutigen Zeit kann Pelz und Leder mit gutem Gewissen getragen werden. Zum Beispiel wenn die Felle aus kontrollierter Jagd stammen oder als Nebenprodukt der Fleischerzeugung entstehen. Würden sie nicht verarbeitet werden, müssten sie entsorgt werden.

Daher bei Pelz nicht direkt werten, sondern, wie bei allen anderen Dingen auch: zunächst hinterfragen! Um welches Fell handelt es sich? Woher stammt es? Wie wurde das Tier gehalten, behandelt oder bejagt? Da es tatsächlich noch Pelzzuchten

Ein Auerhahn während der Balzzeit im Frühjahr – er präsentiert sich hier in seiner ganzen Pracht.

gibt, in denen Missstände herrschen, ist es wichtig, all diese Fragen beantworten zu können, bevor investiert wird. Missstände herrschen vor allem auch im Ausland, da es dort häufig keine Kontrollen oder Vorschriften gibt.

Die im Schwarzwald erlegten Füchse werden bei einer zentral gut erreichbaren Sammelstelle abgegeben. Dort werden die Felle abgezogen und getrocknet. Alle verwertbaren Tiere werden mit einer ID-Nummer gekennzeichnet, die auch am gegerbten Fell verbleibt. Diese ermöglicht es, die Herkunft der Felle aus nachhaltiger, heimischer Jagd zu dokumentieren. Der Zentralverband des Kürschnerhandwerks vergibt das Logo »WePrefur« nur an lizenzierte Betriebe, die Felle aus heimischer Jagd verwerten. Das Projekt setzt auch ein Zeichen in der Politik. Jäger reden nicht nur, sie tun auch aktiv etwas für den Artenschutz und eine nachhaltig sinnvolle Nutzung. Es ist doch wesentlich besser, Fell als natürliche Ressource zu nutzen, anstatt die Natur mit der Herstellung und Entsorgung von Chemiefasern zu belasten.

Persönlich habe ich noch nicht sehr viel selbst verwertet. Leder und speziell Fell ist nicht einfach zu verarbeiten. Für meine selbst gestrickten Mützen, als Schlüsselanhänger oder für den Rückspiegel im Auto habe ich jedoch bereits Fuchsbommel genäht. Diese sind klein, schnell gemacht und verzeihen einem kleinere Fehler, da die Naht später nicht zu sehen ist. Die anderen Füchse, die ich bisher erlegt habe, liegen auf dem Sofa oder wurden der Ausbildung des Dackels gestiftet. Sind es irgendwann einmal genügend und ich habe ausreichend Geld übrig, werde ich mir eine kuschelige Fuchsdecke für kalte Winterabende herstellen lassen. Dazu benötigt es knapp zwanzig Fuchsbälge.

Doch nicht nur Fuchsbälge habe ich in meiner Wohnung. Gerne habe ich zu jedem erlegten Tier eine Erinnerung an das jeweilige Erlebnis. Ob es die Patronenhülse, das Geweih, ein schönes Foto oder die Zähne eines erlegten Tieres sind. Doch ist die Trophäe oftmals auch negativ belastet. In den Köpfen der Gesellschaft scheint es verankert zu sein, dass Jäger einen dicken Hirsch erlegen, das Geweih an ihre Wand hängen und das gute Fleisch im Wald verludern lassen. Aber die Trophäe ist etwas, was mit der Jagd nach einem kostbaren Lebensmittel einhergeht. Habe ich einen Rehbock erlegt, steht nicht das Gehörn, sondern die Fleischgewinnung im Vordergrund. Trotzdem koche ich es aus und hänge es an die Wand. Habe ich einen Keiler erlegt, werden die Eckzähne, das Gewaff, auf einem Brettchen angebracht und dienen ebenfalls als Erinnerung an dieses Jagderlebnis.

Meine Mutter wollte nie Trophäen in der Wohnung hängen haben. Für sie habe ich zum Geburtstag als Andenken an unser gemeinsames und ihr erstes Jagderlebnis das Gehörn des Rehbocks präpariert. Nicht wie üblich auf einem Holzbrettchen, nein, meine Mutter liebt Rot mit weißen Punkten. Also habe ich eine kleine Leinwand besorgt, sie rot angestrichen, weiße

Tupfen darauf gemalt und das Gehörn darauf befestigt. So hängt es nun in der Küche meiner Eltern. Jeden Morgen wird meine Mutter beim Anblick an dieses einmalige Mutter-Tochter-Erlebnis erinnert. Diese Erinnerung ist mir persönlich sehr wichtig. Zu jedem einzelnen Tier weiß ich, wo und wie die Umstände während des Erlegens waren. Auch das ist für mich eine Art, das Wild nach seinem Tod zu ehren.

Nun aber wieder zur Fuchsjagd, die trotz allem immer wieder heftig diskutiert wird. Im April 2015 hat die Regierung Luxemburgs die Jagd auf den Rotrock verboten, da sie aus ökologischer Sicht sinnlos sei. Regelmäßig wird behauptet, die Zahl der Füchse steige durch Bejagung nur noch weiter an. Diese

Rotröcke auf der Strecke. Nach dem Gerben werden die Pelze vom Kürschner zu natürlichen, wärmenden Kleidungsstücken verarbeitet. Ganz im Sinne der Nachhaltigkeit.

Aussage sei Nonsens, äußerte Biologin Dr. Astrid Sutor vom Deutschen Jagdverband in einem Interview gegenüber der »taz«: »Der Fuchs ist ein Allesfresser, das Futterangebot für ihn ist in Kulturlandschaften enorm groß. Eine Fuchsfähe bringt unabhängig von der Gesamtzahl der Füchse durchschnittlich fünf Welpen zur Welt.« Auch auf die Anzahl der Jungtiere pro Muttertier habe die Jagd keinen Einfluss.

Das Verwerten von Raubwild als Lebensmittel ist in Deutschland nicht ganz so einfach. Schuld daran ist der Paragraf 22 »Verbote und Beschränkungen« der tierischen Lebensmittel-Hygieneverordnung – Tier-LMHV. Darin heißt es in Absatz 1a: »Es ist verboten, Fleisch von Hunden, Katzen, anderen hundeartigen und katzenartigen Tieren (Caniden und Feliden) sowie von Affen zum Zwecke des menschlichen Verzehrs zu gewinnen oder in den Verkehr zu bringen.« Da der Fuchs zu den Caniden gehört, darf er in Deutschland nicht verzehrt werden. Anders etwa als in unserem Nachbarland, der Schweiz.

Anders sieht es jedoch bei Dachs, Waschbär und Nutria aus. Deren Fleisch darf sehr wohl verzehrt werden. Da diese Arten aber zu den Fleisch- und Allesfressern gehören, muss dringend, wie im ersten Kapitel erläutert, eine Trichinenprobe entnommen und untersucht werden. Sind die Tiere frei von Trichinen, anderen Parasiten und bedenklichen Merkmalen, kann ihr Fleisch ähnlich wie Schweinefleisch zubereitet werden. Sprich, es sollte bis in den Kern erhitzt werden und nicht rosa gebraten auf den Teller. Doch dazu im nächsten Kapitel mehr.

Dachsstrudel
und andere
Spezereien

Ein Hauptgrund, der mich dazu bewegte, den Jagdschein zu machen, war die intensive Auseinandersetzung mit dem Thema Fleischkonsum. Da ich sehr gerne Fleisch esse und darauf nicht verzichten möchte, mir aber das Wohl der Tiere sehr am Herzen liegt, erschien mir das Jagen als fairste Art und Weise, ein Tier auf den Teller zu bekommen. Egal, ob Reh, Wildschwein oder Dachs: Sie alle leben in freier Wildbahn, ernähren sich von frischen Pflanzen und Kräutern, mehr bio geht nicht. Im Gegensatz zu Masttieren, die vor der Schlachtung zunächst mit einem Lkw durch die Gegend gefahren werden und am Schlachthof weiterhin jeder Menge Stress ausgesetzt sind, ist es bei einem Wildtier, das vom Jäger erlegt wird, schnell vorbei: In seiner gewohnten Umgebung gibt es urplötzlich einen Knall, den das Tier aber vermutlich schon nicht einmal mehr hört.

Nun ist es für mich als Jägerin sehr einfach, an Wildbret zu gelangen. Für einen Nichtjäger ist es jedoch schwieriger, solch ein regionales Produkt zu bekommen. Wer meint, Wild aus dem Discounter sei stets aus Deutschland, der irrt. Obwohl diese Vermutung naheliegend ist, da in unseren Wäldern mehr als genug Wild lebt und davon auch viel von den Jägern erlegt wird, trifft sie nur bedingt zu. Hinter der anonymen Plastikverpackung, auf deren Etikett zum Beispiel »Wildschwein« steht, verbirgt sich möglicherweise verwildertes Hausschwein aus Australien. Schon an der Farbe des Fleisches erkennt jeder, der auf diesem Gebiet ein wenig Ahnung hat, dass es viel zu hell ist im Vergleich zu unserem deutschen Wildschwein. Von den Aspekten Regionalität und Nachhaltigkeit mal ganz abgesehen.

Es gibt verschiedene Dinge, die beim Bezug von Wild beachtet werden sollten. Je nach Bundesland variieren die Preise stark. Ein Blick auf die Homepage des jeweiligen Landesjagdverbandes sorgt für einen Überblick über jeweils angemessene Preise. Denn je nach Wildart kann der Kilopreis zwischen wenigen und knapp hundert Euro liegen. Am günstigsten ist, ein ganzes Tier beim örtlichen Jäger zu kaufen. Heutzutage gibt es gute Bücher und Videoanleitungen, wie ein Tier richtig zerlegt wird. Die edlen Teile, wie Keule, Rücken und Filet, werden als Braten eingefroren, der Rest zu Gulasch geschnitten oder zu Hackfleisch verarbeitet. Die Knochen, mit etwas Gemüse ausgekocht, geben einen leckeren Wildfond. Und wer das Fell nicht wegwerfen möchte, der schickt es – wie bereits erläutert – zu einem Kürschner.

Wer nicht beim örtlichen Jäger kauft, sollte die Herkunft des Fleisches auf dem Etikett nachlesen oder beim Verkaufspersonal erfragen. Denn weshalb Wildschwein von anderen Kontinenten essen, wenn vor der eigenen Haustür genügend wilde Schweine leben? Wer Wildwurst kauft, sollte darauf achten, wie hoch der Anteil an Wild ist. Etwas Hausschwein darin ist nicht verwerflich, das braucht der Metzger, damit die Wurst nicht trocken wird. Diese Dinge gelten, unabhängig davon, für welche der folgenden Bezugsquellen Sie sich entscheiden. Darauf sollten Sie speziell achten:

WILDHANDEL

Ähnlich wie beim örtlichen Jäger bezieht der Wildhändler das Fleisch meist aus der Region. Da hier aber wesentlich mehr Fleisch vermarktet wird, ist der Wildhändler auch auf andere

Aus dem Wald auf den Teller – so macht es der Jäger. Aber auch als Nichtjäger gibt es einige Möglichkeiten, regional Wild zu beziehen.

Lieferanten angewiesen. Oft stammt das Wild von Forstämtern und Jägern aus dem Umfeld. Es kann aber auch sein, dass von größeren Wildhändlern zugekauft wird, eventuell sogar im Großhandel. Daher ist es auch hier wichtig, sich nach der Herkunft zu erkundigen.

SUPERMARKT

Die wohl bequemste Art, an Lebensmittel zu kommen, ist der Supermarkt. Auch Wild wird dort angeboten. Wichtig ist dabei ein Blick auf die Herkunft des Fleisches. Manche Märkte bieten Wild aus der Region an. Dieses stammt dann meist von Förstereien oder Jägern aus der Umgebung. Es kann aber auch gut sein, dass das Fleisch, bevor es in den Kühlungen des Supermarktes landet, mehrere Länder durchreist hat.

ÖRTLICHER JÄGER

Je nachdem, ob Sie in der Stadt oder auf dem Land leben, ist es mehr oder weniger einfach, einen Jäger ausfindig zu machen. Im ländlichen Raum kennen sich die Dorfbewohner und meist gibt es darunter auch einen Jäger. Dieser »Jäger Ihres Vertrauens« hat sicher gelegentlich ein Stück Wildfleisch abzugeben. Der Vorteil: Sie können mit hoher Wahrscheinlichkeit davon ausgehen, dass das Tier aus dem nächsten Wald stammt und nicht wie die meisten Schlachttiere weite Strecken durch die Gegend transportiert wurde. Der Nachteil ist, dass der jeweilige Jäger je nach Jahreszeit nicht immer jede Wildart zur Verfügung hat. Doch so ist das nun einmal. In unserer heutigen Konsumgesellschaft sind wir es gewohnt, immer alles zu jeder Zeit kaufen zu können. Doch genau das macht Wild so besonders, dass es nur gelegentlich auf den Teller kommt. Im Übrigen: Bei mir zu Hause wird nur noch Wild zubereitet – abgesehen von Serrano- oder Kochschinken, den ich gelegentlich beim Metzger hole. Ist die Gefriertruhe leer, gibt es eben vegetarische Gerichte.

Wer sein Wild nun auf eben geschildertem Wege beziehen möchte, aber keinen Jäger kennt, kann sich an die jeweilige Kreisjägervereinigung wenden. Diese sind mittlerweile fast alle online vertreten.

METZGER

Beim örtlichen Metzger liegt vielleicht nur gelegentlich Wildfleisch in der Theke, weil die Nachfrage unterm Jahr eher gering ist. Sicher kennt der aber einen Jäger, von dem er Wildbret beziehen kann, und würde es für Sie besorgen. Fragen Sie doch einfach mal nach. Manche Metzger jagen sogar selbst. Andere kaufen nur zu, daher ist es auch hier ratsam, zu erfragen, woher das

Fleisch kommt. Ein weiterer Vorteil, den der Kauf beim Metzger mit sich bringt, ist die Möglichkeit, einzelne Teile des Wildes zu kaufen, wie zum Beispiel fertige Schnitzel oder Ähnliches.

ONLINE

Noch bequemer, als das Wildfleisch beim Einkauf im Supermarkt aus der Tiefkühltruhe zu beziehen, ist die Onlinebestellung. Doch da ist Vorsicht geboten, denn das Netz ist oft undurchsichtig. Die Preise sind häufig überzogen. Wer heimische Produkte verzehren möchte, sollte dringend auf die Herkunft achten. Häufig ist nur »EU« angegeben. Wie bei allen Onlinekäufen muss die Homepage sorgfältig geprüft werden. Wenn alles passt, kann auch online durchaus gutes Fleisch zu angemessenen Preisen erworben werden. Zu empfehlen ist hier die Seite »Wild auf Wild« des Deutschen Jagdverbandes. Dort können Sie über eine Suchfeldfunktion Ihre Postleitzahl eingeben und Jäger in Ihrer Region ausfindig machen, bei denen Sie Wildbret käuflich erwerben können.

In vielen Köpfen ist noch immer verankert, dass Wild stundenlang im Rohr schmoren muss, damit es schmeckt. Doch dem ist nicht so. Im Prinzip kann jede Fleischart in einem modernen Gericht durch Wildbret ersetzt werden. Ob panierte Schnitzel, Saltimbocca oder andere Gerichte, nichts ist unmöglich. Deshalb möchte ich Ihnen im Folgenden meine Favoriten zum Nachkochen empfehlen. Da ich die Gerichte meist nach Gefühl zubereite und auch die Anzahl meiner Essensgäste in der Regel stark variiert, sind auch Ihrer Kreativität keine Grenzen gesetzt. Wenn Sie eine Zutat gerade nicht in Vorrat haben, versuchen Sie es doch einfach mit einer Alternative. Oft kommen dabei überraschend gute Rezepte zustande!

Auch beim Metzger, im Supermarkt oder online kann der ökologische Fußabdruck des angebotenen Wildes erfragt werden.

WILDSCHWEINFOND UND PULLED WILD BOAR BURGER

Eigentlich wird ein Fond aus den Knochen von Wiederkäuern, in der Regel Rind, gekocht. In Bezug auf Wild wären das also die Knochen von Rot- oder Rehwild. Da ich aber gerade das Fleisch einer Wildsau küchenfertig portioniert habe und zu faul war, Nacken und Hals auszulösen, warf ich diesen kurzerhand ins Kochwasser. Das ausgekochte Fleisch wollte ich natürlich auch verwerten, also zupfte ich es, bereitete Burger Buns mit Coleslaw zu, und kurz darauf freute sich meine ganze Familie über leckere, saftige Burger.

Zutaten für den Fond

2 Zwiebeln | 2 Möhren | etwa 2 kg Wildschweinknochen (Nacken mit Fleisch, wenn danach noch Burgerfleisch übrig bleiben soll) | etwas Öl | 2 EL Tomatenmark | 3 Liter Wasser | 5 Pfefferkörner | 2 Lorbeerblätter | 2 Eiweiß

Zubereitung

- Die Zwiebeln vierteln und die Möhren in grobe Stücke schneiden. Die Knochen in einem großen Topf mit etwas Öl von allen Seiten scharf anbraten. Das Gemüse zugeben und mit anbraten. Dann das Tomatenmark dazu und kurz anschwitzen. Mit dem Wasser auffüllen und aufkochen lassen. Pfeffer und Lorbeer dazugeben. Dann das Ganze auf niedriger Stufe drei bis vier Stunden leicht köcheln lassen. Zwischendurch immer wieder den Schaum abschöpfen. Danach die Knochen samt Fleisch in eine Schüssel geben und für die Burger zur Seite stellen und abkühlen lassen. Den Rest durch ein Sieb geben. Die abgeseihte Brühe zurück in den Topf schütten und erkalten lassen.

- Vom kalten Fond die Fettschicht abschöpfen. Danach wird der Fond entfettet und die Trübstoffe werden entnommen. Dazu den Fond zum Kochen bringen. Die zwei Eiweiße mit ein paar Tropfen Wasser verquirlen und in den sprudelnden Fond geben. Danach mit einer Schöpfkelle das Eiweiß abschöpfen. Den Fond durch ein Tuch passieren, noch einmal aufkochen und heiß in Gläser füllen.

Zubereitung des Pulled Wild Boar Burgers

Für den Pulled Wild Boar Burger sollte der Coleslaw am besten einen Tag zuvor zubereitet werden, damit er ziehen kann. Auch für den Teig der Burger Buns muss zum Gehenlassen etwas Zeit eingeplant werden (siehe die folgenden Rezepte »Burger Buns« und »Coleslaw«). Das Nackenfleisch, das im Fond mehrere Stunden gekocht hat, kann leicht vom Knochen gelöst und in kleine Stücke gezupft werden. Kurz vor dem Essen muss es nur noch in einer Pfanne mit etwas Öl, Salz, Pfeffer und Paprika edelsüß oder nach Belieben mit anderen Gewürzen abgeschmeckt werden.

BURGER BUNS

(ERGIBT VIER STÜCK)

Zutaten

300 g Mehl | 1 Päckchen Trockenhefe | 1 gestrichener EL Zucker | 1 gestrichener TL Salz | 100 ml Milch | 2 Eier | etwas Butter | Haferflocken

Zubereitung

- Mehl, Trockenhefe, Zucker, Salz, Milch und Butter in eine Rührschüssel geben. Ein Ei trennen und das Eiweiß beiseitestellen. Das Eigelb mit dem zweiten ganzen Ei zu den Zutaten geben. Mit dem Knethaken mehrere Minuten zu einem glatten Teig kneten. Wenn nötig, noch etwas Milch hinzugeben.

- Die Schüssel mit einem Handtuch abdecken und an einem warmen Ort ein bis zwei Stunden gehen lassen, bis der Teig merklich aufgegangen ist. Den Backofen auf 40 °C Ober-/Unterhitze vorheizen. Den Teig in vier gleich große Stücke teilen, diese zu Buns formen und mit genügend Abstand auf ein Backbleck legen. Den Ofen ausschalten und die Buns darin noch eine weitere Dreiviertelstunde gehen lassen.

- Die Buns wieder aus dem Ofen nehmen und diesen auf 250 °C Ober-/Unterhitze vorheizen. Das Eiweiß mit ein paar Tropfen Wasser verdünnen und die Buns damit bestreichen. Haferflocken darüberstreuen und ab in den Ofen. Sobald die Buns goldbraun sind (nach maximal zehn Minuten) aus dem Ofen nehmen und noch warm mit Fleisch, Coleslaw und Soße genießen.

COLESLAW

Zutaten

1 Kopf Weißkohl
Möhren (etwa ein Drittel der Menge des Kohls)

Für das Dressing

65 g Zucker
150 ml Buttermilch
200 ml Mayonnaise
1,5 EL Weißweinessig
2,5 EL Zitronensaft
1 TL Senf
Salz, Pfeffer, Paprikapulver

Zubereitung

Kohl und Möhren in einer Küchenmaschine fein reiben.
Die Zutaten für das Dressing in einer Schüssel gut verrühren und mit Salz, Pfeffer, Paprikapulver und Zucker abschmecken. Danach mit dem Kohl in einer großen Schüssel gut vermengen und mindestens vier Stunden, am besten über Nacht, ziehen lassen. Erneut abschmecken.

Soße

Typischerweise kommt auf einen Pulled Pork Burger eine rauchige BBQ-Soße. Da sowohl meine Familie als auch ich keine Fans solcher Soßen sind, mache ich für meine Pulled Wild Boar Burger immer eine einfache Cocktailsoße. Dazu nehme ich Ketchup und Mayonnaise zu gleichen Teilen und etwas Senf. Mit Salz und Pfeffer abschmecken, fertig. Guten Appetit!

HERZLICH WILD

Herz ist reines Muskelfleisch, häufig wird dieses abgekocht und an den Jagdhund verfüttert, vielfach landet es jedoch mit den restlichen Organen in einem Eimer und wird im Revier an den sogenannten Luderplatz gebracht. Dort wird es vom Raubwild gefressen. Ich versuche stattdessen möglichst viel von dem erlegten Tier zu verwerten. Für Herz gibt es unter anderem zahlreiche Gulaschrezepte, die auch online abrufbar sind. Doch oft ist mein Terminkalender schon ziemlich voll und Wild zu erlegen lässt sich ja auch nicht planen. Also will ich etwas Einfaches, das sich quasi nebenher fast wie von selbst kocht. Dazu kommt das Herz in einen Topf, wird großzügig mit Wasser bedeckt und darf dann eine Stunde vor sich hin kochen. Kurz vor Ende der Kochzeit einen Löffel Salz hinzu, abgießen und fertig. Das Herz, in feine Scheiben aufgeschnitten, schmeckt hervorragend zu knackigem grünem Salat. Um den Geschmack zu verfeinern, kann man es auch noch ein bis zwei Tage in den Räucherofen hängen. Dadurch wird es haltbar und bekommt ein herrliches Aroma.

PANIERTE KLÖTZE

Wenn Sie beim Namen dieses Rezepts an Bauklötze und einen Mund voller durchgekauter Holzsplitter denken sollten, liegen Sie falsch. Die Klötze sind in der Waidmannssprache die

Hoden des Keilers. Im ersten Moment hört sich das nicht sehr appetitlich an und verursacht bei den Herren der Schöpfung meist ein schmerzverzerrtes Gesicht. Doch bevor die Klötze im Wald landen, sind sie doch auf dem Teller besser aufgehoben. Das erste Mal kam ich in Sachsen-Anhalt in den Genuss panierter Wildschweinhoden. Zunächst war ich auch nicht sehr angetan von dem Gedanken, dasjenige männliche Körperteil zu verzehren, in dem klebrige weiße Flüssigkeit produziert wird. Da ich aber alles probiert haben muss, damit ich später auch mitreden kann, kostete ich davon. Seither werden bei mir keine Klötze mehr entsorgt, sondern stets in der Pfanne ausgebraten. Die Schnitzelchen sind feiner als Kalbsschnitzel und im Geschmack recht neutral, vorausgesetzt, der Keiler war beim Erlegen nicht gerade rauschig, also bereit, sich zu paaren.

Zutaten

Keilerklötze | Mehl | Ei | Semmelbrösel

Zubereitung

Zubereitet werden die Klötze genauso wie Kalbsschnitzel. Allerdings müssen die Hoden zuvor »ausgepackt« werden. Die zähe Haut, die sich um jeden einzelnen Hoden herum befindet, wird eingeschnitten und vorsichtig mithilfe eines scharfen Messers von den Klötzen getrennt. Diese werden anschließend in feine Streifen geschnitten und in Mehl, Ei und Semmelbröseln gewälzt. Anstelle von Bröseln eignen sich auch Nüsse oder Cornflakes. In Butter ausbraten und fertig. Dazu schmecken Bratkartoffeln, Pommes und/oder Ofengemüse.

LEBER FRISCH AUS DEM WALD

Schon als Kind liebte ich Leber. Da aber meine Mutter ungern Innereien isst, gab es Leber zu Hause eher selten. Auswärts aßen wir nur selten und die Chance, dass Leber genau dann auf der Tageskarte stand, war sehr gering. Seit ich den Jagdschein habe, scheine ich das in der Kindheit Verpasste nachzuholen. Habe ich ein Reh erlegt, gibt es meist noch am selben Abend die Leber. Da ich kein Fan von trockener Leber mit Äpfeln bin, war ich stets auf der Suche nach schmackhaften Rezepten. Bei einem Italiener bestellte ich einmal Rinderleber Venezianisch, die mir so gut schmeckte, dass ich versuchte sie nachzukochen. Da ich für die kleinen Nierchen bis jetzt keine andere Verwendung gefunden habe, schneide ich diese ebenfalls in feine Streifen und verkoche sie mit der Leber. Folgendes Rezept, das ich seither eigentlich immer so zubereite, kam dabei heraus:

Zutaten

1 Zwiebel | Öl zum Anbraten | 1 Wildleber (falls vorhanden, können auch die Nieren mit verkocht werden) | 150 g Kirschtomaten | 2 EL Tomatenmark | Rotwein zum Ablöschen | 1 Becher Sahne | Salz, Pfeffer

Zubereitung

Die Zwiebel in Ringe schneiden und im Öl glasig dünsten. Leber (und Nieren) häuten und in Stücke schneiden. Zur Zwiebel geben und gut durchbraten. Die Kirschtomaten halbieren und mit dem Tomatenmark zur Leber geben und kurz mit anbraten. Anschließend mit Rotwein ablöschen, die Sahne hinzugeben, alles noch einmal aufkochen und mit Salz und Pfeffer abschmecken. Dazu schmecken Bratkartoffeln oder Kartoffelpüree.

DACHSSTRUDEL AUF PREISELBEERSOSSE

Während einer Reportage für die »Deutsche Jagdzeitung« lernte ich einen Koch und Jäger kennen, der in seinem Lokal regelmäßig ein Abendessen unter dem Motto »Der Dachs steigt« anbietet. Er weiß, worauf es bei der Zubereitung von Dachs ankommt: Wichtig ist, dass das Fleisch sauber geputzt wird. Sehnen und Feist, also das Fett, schmecken weniger gut, ja teilweise ekelerregend. Der Dachs sollte vor allem jung sein. Am besten schmecken Fähen. Die Rüden werden schnell zäh und auch das Aroma wird häufig penetrant.

Zutaten

Für den Strudelteig

1 Ei | 70 ml warmes Wasser | 30 ml Öl | 10 ml Weinessig | 15 g Salz | 250 g Weizenmehl

Für die Füllung

800 g Dachsfleisch | 200 g rote Zwiebeln | etwas Bratfett | Salz, Pfeffer | 50 g Tomatenmark | Wildgewürzmischung | frische Kräuter nach Geschmack (Thymian, Salbei, Kerbel, Estragon) | 2 Eier | 600 g Wirsingkohl | 100 g zerlassene Butter | etwas Eigelb und Sahne

Für die Soße

400 ml gebundener Wildfond | 50 g Preiselbeerkonfitüre | 100 ml geschlagene Sahne

Als Beilage

verschiedene Gemüse der Saison

Zubereitung

- Für den Strudelteig Ei, warmes Wasser, Öl, Essig sowie Salz mischen und mit dem Mehl zu einem glatten Teig verarbeiten. Den Teig mit Öl bestreichen, mit Folie abdecken und an einem warmen Ort etwa zwei Stunden ruhen lassen.

- Das Dachsfleisch durch die feine Scheibe des Fleischwolfes drehen. Die Zwiebel in feine Würfel schneiden. Das Hack in wenig Bratfett anbraten. Zwiebeln hinzufügen sowie mit Salz und Pfeffer würzen. Das Tomatenmark kurz mit anschwitzen. Die Strudelfüllung mit der Wildgewürzmischung sowie den frischen gehackten Kräutern vollenden und ein wenig auskühlen lassen. Danach zwei aufgeschlagene Eier unterarbeiten.

- Den Strunk des Wirsings herausschneiden, den Kohl in einzelne Blätter zerteilen und diese von den starken Blattrippen befreien. Kohlblätter in kochendem Salzwasser blanchieren, in Eiswasser abschrecken und zum Trocknen auf ein Küchentuch legen.

- Den Strudelteig auf einem bemehlten Baumwolltuch hauchdünn ausziehen. Das untere Drittel des Teiges mit den blanchierten Wirsingblättern belegen und darauf die erkaltete Dachsfüllung verteilen. Die oberen zwei Drittel des Teiges mit flüssiger Butter bestreichen. Mithilfe des Tuchs den Strudel zusammenrollen, die Enden verschließen und auf ein gefettetes Backblech setzen.

- Den Strudel mit einer Liaison aus Eigelb und Sahne einstreichen und bei etwa 210 °C fünfzehn bis zwanzig Minuten backen.

- Für die Soße den Wildfond mit der Preiselbeerkonfitüre abschmecken und mit einem Löffel geschlagener Sahne vollenden. Das Gemüse in mundgerechte Stücke schneiden und dünsten.

- Die Preiselbeersoße in die Mitte des Tellers geben. Vom gebackenen Strudel pro Portion zwei Tranchen auf diesen Soßenspiegel setzen. Das gedünstete Gemüse um den Strudel arrangieren.

WILDE SEEFAHRT

Da mein Vater leidenschaftlich gerne kocht, kenne ich es von zu Hause, dass der Mann im Haus das Essen zubereitet. Eines seiner Lieblingsgerichte ist Gulasch. Wenn ich mich an meine Kindheit zurückerinnere, gab es dieses Gericht daheim gefühlt wöchentlich. Ich muss mich damals so überessen haben, dass ich heute das Wort nicht mehr hören kann, ohne dabei die Augen zu verdrehen. Wenn ich also ein Wildschwein oder ein Reh erlegt und dieses verarbeitet habe, schneide ich aus den Schulterblättern und anderen Teilen, die sich nicht für Braten eignen, keine Gulaschstücke, wie es die meisten Jäger tun. Bei mir wandert alles in den Fleischwolf und wird in 500-Gramm-Portionen eingeschweißt und tiefgefroren. Daraus mache ich Chili con Wild, Bolognese oder auch Zucchini-Schiffchen. Wie ich Letztere zubereite, möchte ich in folgendem Rezept beschreiben.

Zutaten

4 Zucchini oder Auberginen | Salz | Öl zum Anbraten | etwas Tomatenmark | 500 g Wildhack | Pfeffer | frische Kräuter aus dem Garten | etwas Rotwein (nach Belieben) | 1200 g Reibekäse

Zubereitung

Die Zucchini beziehungsweise Auberginen halbieren, aushöhlen und etwa zehn Minuten in Salzwasser kochen. Abtropfen lassen und auf ein gefettetes Backblech legen (oder auf einen Teller, wenn die Schiffchen auf dem Grill zubereitet werden sollen). Die Zwiebel in feine Würfel schneiden und mit Öl in einer Pfanne anbraten. Etwas Tomatenmark hinzu und ebenfalls anbraten. Danach das Hack zugeben und leicht angaren. Es darf ruhig noch etwas rosa sein, da es im Ofen oder Grill noch weitergart und sonst trocken wird. Nach Belieben mit Salz, Pfeffer und fein geschnittenen Gartenkräutern abschmecken. Falls gewünscht, kann das Hack mit etwas Rotwein abgelöscht werden, um ihm ein besonderes Aroma zu verleihen. Anschließend die Schiffchen mit dem Fleisch füllen, Käse darüberstreuen und bei 180 °C zwanzig bis dreißig Minuten überbacken. Dazu schmeckt frisches Baguette.

Und last, but not least: Was ich nicht esse, bekommt der Hund. Vor allem das Wildschweinfleisch koche ich jedoch vorher lange ab, da Schweine die für Hunde tödlich verlaufende Aujeszkysche Krankheit übertragen können. Bislang habe ich mich noch nicht an Kutteln herangewagt, daher freut sich Emil über den saftigen und vitaminreichen Pansen. Doch auch das soll sich noch ändern, sobald ich einmal Zeit finde und Lust habe, ein Rezept zu kreieren.

EPILOG: NEUE HERAUSFORDERUNGEN

Seit ich meinen ersten Rehbock im Juni 2015 erlegt habe, sind nun fünf Jahre vergangen, in denen ich weitaus mehr erlebt habe, als in den vorangegangenen Kapiteln niedergeschrieben ist. Zwar bin ich intensiv in das jagdliche Handwerk eingestiegen und habe vieles gelernt, aber zu einer erfahrenen Jägerin fehlt noch weitaus mehr Wissen. Und teilweise ändert sich ja auch durch Erfahrung und neue Erkenntnisse die eigene Sicht auf die Dinge.

Da die Jagd sehr facettenreich ist, gibt es noch vieles, auf das ich in Zukunft meinen Fokus legen werde. Zum Beispiel die hierzulande verbotene Bogenjagd. In achtzehn europäischen Ländern erlaubt, ist die Jagd mit Pfeil und Bogen in Deutschland (noch) nicht zugelassen. Trotzdem gibt es hierzulande die Möglichkeit, den sogenannten Bogenjagdschein zu machen. Um mir ein genaues Bild darüber zu machen, meldete ich mich zum sogenannten IBEP-Prüfungskurs an. Anfangs sehr skeptisch, muss ich im Nachhinein sagen, die Jagd mit Pfeil und Bogen ist per se nicht schlechter als die Jagd mit der Büchse. Vor allem, was die Gefährdung des Hinterlandes angeht, lässt sich Folgendes festhalten: Eine Kugel kann bis zu 6.000 Meter weit fliegen. Ein Pfeil kommt schon nach mehreren Hundert Metern zu Boden. Vor allem das Problem der Kulturfolger, Waschbären und Sauen, die immer häufiger im Stadtbereich auftauchen und zu Schaden gehen, kann mit dem Bogen eventuell besser in den Griff bekommen werden als mit einer Büchse. Der Pfeil fliegt nahezu lautlos und noch dazu weniger weit als eine Kugel. Es gilt eben auch bei diesem Thema: Die Fakten müssen gründlich abgewogen werden und erst dann können Entscheidungen gefällt werden. Mit Sicherheit gab es damals einen Grund, die Bogenjagd im Jagdgesetz zu verbieten. Doch der Wandel der Zeit fordert ein erneutes Überdenken der Sachverhalte und Zusammenhänge.

Und auch die Ausbildung meines Teckels Emil wird mich entsprechend fordern. Sie wird noch viel Zeit in Anspruch nehmen und mich vor heute noch ungeahnte Aufgaben stellen. Es gibt unzählige Prüfungen, auf die ich ihn vorbereiten kann, um ihn dann hoffentlich erfolgreich zu führen und gemeinsam mit ihm die Prüfung zu bestehen. Da gibt es etwa die Begleithundeprüfung, die mit der Jagd nichts zu tun hat. Dabei geht es nur darum, zu zeigen, dass sich der Hund im Alltag zu benehmen weiß. Er darf keine Radfahrer oder Jogger anbellen, Kinder anspringen, muss bei Fuß gehen und stets abrufbar sein.

Jagdliche Hundeprüfungen gibt es unterschiedlichster Art. Zu nennen wäre hier zum Beispiel die Brauchbarkeitsprüfung, bei der der Jagdhund, wie der Name schon sagt, zeigen muss, ob er für den späteren Einsatz auf der Jagd brauchbar ist. Je nach Bundesland unterscheiden sich die Anforderungen an den Jagdhund geringfügig. Grundsätzliche Prüfungsbestandteile sind jedoch der Gehorsam einschließlich Schussfestigkeit, die Schweißarbeit, das Verlorenbringen, die Freiverlorensuche und die Wasserarbeit. Darüber hinaus gibt es noch unzählige weitere Prüfungsformen. Jagd bedeutet eben auch, immer wieder Neues zu erleben und zu lernen.

Doch nicht nur mit Teckel Emil werde ich Neues erleben und dazulernen. Bald wird uns noch ein weiterer Hund zur

Jagd begleiten. Ein Parson Russell Terrier soll es werden. Das sind die kleinen, pfiffigen weißen Kerlchen mit oftmals lohfarbigen, gelben oder schwarzen Flecken. Auch ihn möchte ich für die Jagd ausbilden und auf Prüfungen führen. Da es sich hier um eine andere Rasse und damit um einen anderen Zuchtverband handelt, werden die Prüfungen zwar vom Prinzip her ähnlich, aber mit anderen Ansprüchen verlaufen. Worauf bei den Parson Russell Terriern nämlich wesentlich mehr Wert gelegt wird als bei den Teckeln, ist der Apport, also das Bringen von Wild. Habe ich dies im kleinen Stil mehr spielerisch mit meinem Teckel trainiert, wird das beim Terrier nun zur ernsten Sache. Denn wenn ich ihn bei der Entenjagd in Schilf oder Dickicht schicke, muss ich mich darauf verlassen können, dass er die beschossene Ente sucht, findet und mir dann auch zuverlässig und auf direktem Wege zuträgt.

Mein größter Wunsch ist es, das Bild der Jagd in der Gesellschaft wieder ins rechte Licht zu rücken. Für viele bedeutet Jagd die legale Berechtigung zum Töten. Doch so einfach ist das nicht. Ich hoffe, dass ich es mit diesem Buch geschafft habe, Ihnen einen kleinen Einblick in das komplexe Thema Jagd zu geben, und dass Sie ein wenig spüren konnten, wie vielschichtig und facettenreich das grüne Handwerk ist. Jagd ist aktiver Naturschutz. Naturschutz ist eine große, bedeutende Aufgabe, die nur im Schulterschluss von Jägern und Nichtjägern, Politik und Naturschutzverbänden gemeinsam gestemmt werden kann. Diese möglichst intensive und effiziente Zusammenarbeit wünsche ich mir für die Zukunft.

GLOSSAR

Abbaumen – Wenn der Jäger nach dem Ansitz seine Waffe entlädt, den Rucksack packt und wieder vom Hochsitz steigt, spricht man vom Abbaumen.

Abschwarten – das Entfernen der Schwarte bei Dachs oder Wildschwein

Alttier – das weibliche Pendant zum Hirsch, also ein ausgewachsenes weibliches Rotwild, das bereits gesetzt hat

Anschuss – die Stelle, an der sich das Wild befand, als es den Schuss erhielt

Ansitz – Der Jäger sitzt leise auf dem Hochsitz und wartet dort zur Jagdausübung oder auch nur zur Beobachtung auf das Wild.

Ansprechen – das genaue Einschätzen des Wildes nach Art, Alter, Geschlecht und weiteren Merkmalen

Ansteller – eine revierkundige Person, die die Schützen und → Treiber bei Gesellschaftsjagden an ihren Platz bringt

Äsen – die Nahrungsaufnahme bei allem Wild (mit Ausnahme von Schwarz- und Raubwild)

Äser – das Maul von allem Haarwild (mit Ausnahme von Schwarz- und Raubwild)

Äugen – das Sehen und Schauen bei Wild und beim Jagdhund

Aufbaumen – das Aufsteigen des Jägers auf den Hochsitz. Im eigentlichen Sinne wird mit Aufbaumen bezeichnet, wenn größeres

Federwild einen Baum oder einen erhöhten Platz anfliegt, um sich dort niederzulassen, sowie wenn Luchs, Wildkatze, Marder oder Eichhörnchen auf einen Baum hinaufklettern (auch Aufholzen genannt).

Aufbrechen – die Entnahme der Organe aus dem Wildkörper nach dem Schuss, damit das Fleisch schnell abkühlen kann und nicht durch Bakterienbildung entwertet wird

Aufmüden – Wenn ein Tier → krank, also durch einen Schuss nur verwundet ist, sucht es sich einen Platz, an dem es sich niederlegt und gegebenenfalls verendet, das sogenannte → Wundbett. Wird es dort gestört (etwa durch ein → Nachsuchengespann), versucht es zu flüchten, es wird aufgemüdet.

Aufschärfen – das Öffnen der Bauchdecke mit dem Messer

Aus der Decke schlagen – das Entfernen der Decke, also des Fells, bei allem Schalenwild außer Schwarzwild

Bache – das weibliche Wildschwein

Balg – das Fell des Raubwilds

Bast – stark durchblutete, von Nerven versorgte, samtartig behaarte Schutzhaut rund um das im Wachstum befindliche Geweih beziehungsweise → Gehörn. Mit Beendigung der Geweih-/Gehörnbildung beginnt diese Basthaut abzusterben und stark zu jucken, woraufhin der Hirsch beziehungsweise der Bock diese Haut durch Reiben an Bäumen und Sträuchern loszuwerden versucht, das sogenannte → Fegen.

Behang – die herabhängenden Ohren aller schlappohrigen Jagdhunderassen

Blatt – So wird beim Schalenwild der vordere Teil des Rumpfes samt Schulterblatt genannt. Da sich in der sogenannten → Kammer dahinter die lebensnotwendigen Organe, also Herz und Lunge, befinden, strebt der Jäger einen sogenannten Blattschuss an.

Bockscheibe – eine Disziplin der Schießprüfung. In hundert Meter Entfernung von der Schießposition befindet sich eine Scheibe, auf der ein Bock aufgezeichnet ist. Um genau nachvollziehen zu können, wo die mit der Büchse abgegebenen Schüsse die Scheibe getroffen haben, sind auf der Bockscheibe nummerierte Kreise aufgemalt.

Brunftkugeln – die Hoden der Schalenwildarten (beim Wildschwein werden sie auch als → Klötze bezeichnet)

Büchse – Jagdgewehr für den Kugelschuss

Damtier – das weibliche Damwild. Es ist kleiner als das männliche Tier (Damhirsch) und es ist kahl, das heißt, es trägt kein Geweih.

Drückjagd – Gesellschafts- oder auch Bewegungsjagd, bei der mehrere Jäger im Wald abgestellt werden und das Wild durch → Treiber und Jagdhunde in Bewegung gebracht wird (wird häufig synonym zur Stöberjagd verwendet, allerdings werden bei dieser Form der Gesellschaftsjagd keine Treiber eingesetzt, sondern ausschließlich spurlaut und solo jagende Hunde)

Einstand – dichter Bewuchs im Wald, in dem das Schalenwild einen ruhigen Rückzugsort findet

Erlegerbruch – Der Erlegerbruch, auch als Schützenbruch bezeichnet, ist ein kurzer bruchgerechter Zweig. Er wird als Zeichen eines → waidgerecht erlegten Wildtieres mit dem → Schweiß dieses Tieres benetzt und dem Schützen überreicht, der diesen dann an der rechten Seite seines Jägerhutes befestigt. Der Bruch wird von einer Eiche, Erle, Kiefer, Fichte oder Tanne abgebrochen, nicht abgeschnitten.

Fähe – die weiblichen Tiere aller Marderarten (dazu zählen unter anderem auch Dachse) und beim Fuchs

Fährte – die Abdrücke, die Schalenwild im Boden hinterlässt (ein einzelner Abdruck wird → Trittsiegel genannt); für den Jagdhund in Verbindung mit der mechanischen Bodenverwundung olfaktorisch wahrnehmbar

Fegen – das Reiben des Geweihs beziehungsweise des → Gehörns zum Markieren der → Einstände und zum Entfernen des → Basts

Flinte – Jagdgewehr für den Schrotschuss

Frischling – der Nachwuchs des Wildschweins im ersten Lebensjahr

Gebrech – das Maul des Wildschweins (nicht zu verwechseln mit dem Gebräch, womit der von den Wildschweinen bei der Nahrungssuche durch- und umgewühlte Boden bezeichnet wird)

Gehörn – das Geweih des → Rehbocks

Geiß – das weibliche Reh

Geräusch – Herz, Lunge, Leber und Nieren allen Schalenwilds

Gescheide – Eingeweide (Magen, Gedärme) des Wildes

Grimbart – Synonym für Dachs

Hahn in Ruh – das Jagdhornsignal, das den Zeitpunkt (das Ende) der Jagd anzeigt, ab dem nicht mehr geschossen werden darf (ursprünglich abgeleitet von »den Hahn auf der Büchse/Flinte ruhen lassen«)

Halsung – das Halsband des Jagdhundes

Jagdherr – Pächter oder Eigentümer eines Jagdreviers

Jagdpächter – derjenige Jäger, der als Einzelperson oder gemeinsam mit mehreren Mitpächtern per Jagdpachtvertrag mit einer Jagdgenossenschaft oder dem Grundeigentümer einer Eigenjagd die Jagd in einem exakt definierten Gebiet ausüben darf

Jährling – der Reh- oder Gamsbock in seinem zweiten Lebensjahr (auch Jährlingsbock genannt)

Jungjäger – ein frisch gebackener Jäger in den ersten drei Jagdjahren nach Ablegen der Jägerprüfung (unabhängig vom Lebensalter des Jägers)

Kahlwild – das weibliche Wild und die Kälber beiderlei Geschlechts aller Hirscharten

Kalb – der Nachwuchs aller Hirscharten im ersten Lebensjahr

Kammer – Die Kammer ist die Brusthöhle des Schalenwilds und befindet sich hinter dem (Schulter-)Blatt. Ein tödlicher Treffer im Brustraum wird als Kammerschuss oder auch als Blattschuss bezeichnet.

Kanzel – Hochsitz mit Wänden und Dach für die → Ansitzjagd

Keiler – das männliche Wildschwein

Kipphase – eine Disziplin der Schießprüfung. Der Kipphase fährt auf einer Schiene in etwa fünfunddreißig Meter Entfernung von der Schießposition. Er besteht aus drei metallenen Klappscheiben im Umriss eines quer flüchtenden Hasen, den der Schütze durch Mitschwingen und Überholen mit der Flinte zu treffen versucht. Mindestens eine Scheibe davon muss umkippen, damit der Flintenschuss als Treffer gilt.

Kitz – der Nachwuchs des Rehwilds im ersten Lebensjahr

Klötze – die Hoden des männlichen Wildschweins

Krank – Zustand eines angeschossenen Wildtieres

Krankschießen – ein Wildtier mit einem Schuss nur verwunden

Lauf – Rohr des Jagdgewehrs

Läufe – die Beine des Jagdhundes und des Haarwilds

Letzter Bissen – eine Respektbezeugung gegenüber dem gestreckten Wildtier. Dazu wird dem erlegten Tier ein kleiner Zweig von Eiche, Erle, Kiefer, Fichte oder Tanne quer in den → Äser (bei Rehwild) oder in das → Gebrech (bei Schwarzwild) gesteckt.

Laufender Keiler – eine Disziplin der Schießprüfung. Der laufende Keiler ist eine Scheibe in Form eines Wildschweins. Diese Scheibe bewegt sich auf einer Schiene in etwa fünfzig Meter Entfernung von der Schießposition von rechts nach links und muss mit der Büchse (indem der Schütze mit seinem Oberkörper mit dem Ziel »mitfährt«) getroffen werden. Es handelt sich dabei um die einzige dynamische Kugeldisziplin beim jagdlichen Schießen.

Lauscher – die Ohren des Schalenwilds (mit Ausnahme des Schwarzwilds, dort sind es die → Teller)

Löffel – die Ohren des Hasen und des Wildkaninchens

Lunte – der Schwanz des Fuchses

Nachsuche – die Suche mit dem → Schweißhund nach einem → krankgeschossenen Wildtier, das geflüchtet ist

Nachsuchengespann – Es besteht aus dem Hundeführer und seinem jagdlich brauchbaren Nachsuchen- beziehungsweise → Schweißhund. Diese speziell ausgebildeten Mensch-Hund-Teams werden für die Suche und das Aufspüren sowie gegebenenfalls Erlegen von zuvor nicht auffindbarem, → krankem oder totem Wild eingesetzt.

Pinsel – das Haarbüschel an der Brunftrute, dem Glied, des männlichen Schalenwilds

Pirschen – eine Form der Einzeljagd; das vorsichtige und möglichst lautlose Begehen des Reviers, idealerweise gegen den Wind, um unbemerkt in die Nähe von Wild zu kommen (gute Revierkenntnisse und saubere Pirschwege sind hierbei von großem Nutzen)

Pirschzeichen – das, was am → Anschuss zu finden ist, wenn ein Tier zwar getroffen wurde, aber abspringt (also unter anderem → Schweiß, Knochensplitter, Fleischstücke oder → Schnitt- beziehungsweise → Risshaare)

Pürzel – der Schwanz der Wildschweins und des Dachses

Rehbock – das männliche Reh

Reineke – Fabelname des Fuchses

Ricke – das weibliche Reh

Ringeln – Dabei wird das → Waidloch, also der After des Wildtieres, ausgelöst und mitsamt dem Darm nach außen gezogen – eine »moderne« hygienische Methode des → Aufbrechens

Risshaare – Haare des Wildtieres, die beim Austritt der Kugel aus dem Wildkörper herausgerissen werden

Rollhase – Dabei handelt es sich um eine orangefarbene runde Wurfscheibe mit einem Durchmesser von etwa elf Zentimetern, die über den Boden gerollt wird und dabei mit der Flinte getroffen werden muss.

Rotrock – Synonym für Fuchs

Rotte – Gruppe von mehreren Wildschweinen (ein Verband)

Rückstoß – die Rückwärtsbewegung der Büchse oder Flinte bei der Schussabgabe, die als starke Kraft auf die Schulter des Schützen einwirkt. Das Geschoss wird primär durch den Gasdruck beschleunigt, und dieselbe Kraft, die das Geschoss antreibt, wirkt natürlich auch auf die Waffe und den Schützen. Der Rückstoß der Waffe entsteht durch den auch rückwärts wirkenden Gasdruck.

Rute – der Schwanz des Jagdhundes und des Haarraubwilds (mit Ausnahme von Fuchs und Dachs)

Sasse – Lager (Ruheplatz) des Hasen, meist eine ausgescharrte, Deckung bietende Mulde in freiem Gelände, aber auch unter Büschen und im Wald

Schalenwild – alle dem Jagdrecht unterliegenden Paarhufer: Hornträger, Geweihträger (inklusive Rehwild) und das Schwarzwild. Die Klauen der Paarhufer werden in der Jägersprache als Schalen bezeichnet.

Schlegeln – das schnelle Schlagen mit den → Läufen, wenn ein Wildtier (Haarwild) tödlich getroffen wurde und verendet

Schloss – So wird die faserknorplige, bei älteren Tieren verknöcherte Verbindung der beiden Beckenhälften beim Wild, die sogenannte Schambeinfuge, genannt.

Schmalreh – das weibliche Reh in seinem zweiten Lebensjahr

Schmalspießer – die männlichen Tiere aller Hirscharten im zweiten Lebensjahr

Schmaltier – die weiblichen Tiere aller Hirscharten im zweiten Lebensjahr

Schmalzmann – Synonym für Dachs

Schnitthaare – Haare des Wildtieres, die durch das Eindringen der Kugel in den Wildkörper abgeschnitten werden

Schonzeit – Es gibt für jede Wildart gesetzliche Vorgaben, wann der Jäger ein Tier schießen darf. Diese hängen unter anderem mit dem biologischen Rhythmus der Tiere zusammen. Vor allem im Frühjahr, wenn viele Wildtierarten ihren Nachwuchs bekommen, brauchen sie viel Ruhe. Deshalb dürfen sie in dieser Zeit auch nicht bejagt werden.

Schrecken – So wird der Schrecklaut von Schalenwild, vor allem von Rehwild, genannt, den es äußert, wenn es gestört wird.

Schussfest – ist ein Jagdhund, der sich bei der Abgabe eines Schusses völlig ruhig verhält

Schussscheu – ist ein Jagdhund, der auf Schüsse ängstlich, unruhig oder sogar panisch reagiert

Schusshitzig – ist ein Jagdhund, der nach dem Schuss ohne Befehl vorprellt, um das beschossene Wild zu verfolgen oder nachzusuchen

Schweiß – ausgetretenes Blut des Wildes und auch des Jagdhundes

Schweißhund – Jagdhund, der speziell dahingehend eingearbeitet worden ist, → krankes, → schweißendes Schalenwild im Rahmen der → Nachsuche zu suchen, zu finden und zu stellen

Sichern – a) Das Wild prüft aufmerksam die Umgebung (indem es → äugt und → windet, das heißt sieht und wittert). b) Die Büchse oder Flinte mithilfe der Sicherung sichern, damit ein unbeabsichtigtes Auslösen eines Schusses verhindert wird

Sichtlaut – Laut eines Jagdhundes hinter Wild, das er auf Sicht verfolgt

Spurlaut – Laut eines Jagdhundes, der die Spur des Wildes bellend verfolgt, aber keinen Sichtkontakt zum Wild hat

Teller – die Ohren des Wildschweins

Tontauben – sehen aus wie orangefarbene Untertassen, die durch die Luft fliegen und auf die der Schütze mit der Flinte zielt, um sie vom Himmel zu holen. Dabei wird der Schuss auf Flugwild, wie Enten, Tauben und Gänse, trainiert.

Totsignal – Jagdhornsignale, die jeweils den einzelnen Wildarten zugeordnet sind und dem erlegten Wild zu Ehren nach dem Ende der Jagd geblasen werden

Treiber – Jäger oder Jagdhelfer (Hundeführer, Bauern sowie Familienmitglieder oder Freunde von Jägern), die bei → Drück- oder Treibjagden den Schützen das Wild zutreiben

Treiberwehr – eine Gruppe von Treibern

Trichinen – sind Fadenwürmer. Ihre Larven werden über den Verzehr von rohem oder ungenügend erhitztem kontaminiertem Fleisch aufgenommen. Im Darm des befallenen Tieres oder auch Menschen reifen sie zu Würmern heran. Im Dünndarm entwickeln sie sich dann innerhalb kurzer Zeit zum adulten Tier, paaren sich und produzieren Larven. Diese bohren sich durch den Dünndarm, gelangen so in die Lymphen und damit ins Blut. Sie strömen damit durch den gesamten Körper und lassen sich im gut durchbluteten Muskelgewebe nieder, aber auch im Zwerchfell, in den Augen und in der Zunge.

Trittsiegel – einzelner Abdruck der Läufe von Wild, besonders von Schalenwild, im Boden (mehrere Trittsiegel bilden eine → Fährte)

Überläufer – Wildschwein im zweiten Lebensjahr

Verhitzen – Wild, das nach dem Erlegen nicht rechtzeitig → aufgebrochen wird, wodurch das → Wildbret durch den Hitzestau verdirbt und ungenießbar wird

Verhoffen – Das Wild verharrt und → sichert.

Waidgerecht – Ein waidgerecht jagender Jäger beherrscht sein Handwerk und handelt stets auf der Basis von rechtlich und vor allem ethisch bedeutsamen (zum Teil auch ungeschriebenen) Regeln, die allgemein in der Jägerschaft anerkannt sind. Diese Regeln sieht er bei der Ausübung der Jagd als seine waidmännischen Pflichten an.

Waidloch – After des Wildes und des Jagdhundes

Waidmannsdank – Antwort des erfolgreichen Schützen auf als Gratulation zum Jagdglück ausgesprochenes → »Waidmannsheil«

Waidmannsheil – jagdlicher Gruß, Wunsch für einen guten Jagderfolg sowie Glückwunsch für Jagdglück

Waidwerk – Bezeichnung für das Jagdwesen und das Handwerk des → waidgerechten Jägers

Waidwund – an den Eingeweiden verwundet, das heißt, wenn das Geschoss in den Magen- und/oder Darmbereich getroffen hat

Wildbret – das zum Verzehr bestimmte Fleisch von erlegtem Wild

Wildfolge – eine Vereinbarung mit dem Reviernachbarn, die eine → Nachsuche von → krankgeschossenem oder schwer → krankem Wild über die Reviergrenze hinaus gestattet

Wildgalgen – eine Vorrichtung, an der das Wild mit den Hinterläufen aufgehängt wird, um es dann kopfunter hängend → aufbrechen zu können

Wildkammer – Dort wird das Wild → zerwirkt und gekühlt. Die Wildkammer muss unter anderem über fließendes warmes Wasser, leicht und effizient zu reinigende Edelstahlarbeitsflächen, entsprechende Arbeitsgeräte und eine Kühlzelle verfügen.

Wildwarnreflektoren – sind die blauen Reflektoren, die an den Straßenbegrenzungspfosten befestigt sind und in den Wald hineinleuchten, wenn sie durch die Scheinwerfer eines herannahenden Autos angestrahlt werden. Das Wild wird dadurch geblendet und soll so daran gehindert werden, weiter in Richtung Straße zu laufen. Sie werden an Stellen, an denen erfahrungsgemäß häufig Wild über die Straße wechselt, befestigt und vom Jäger aus der eigenen Tasche bezahlt.

Winden – das Riechen bei Wild und beim Jagdhund

Wundbett – die Stelle, an der sich → krankes Wild niedergelegt hat

Wurf – die Maulspitze/Nase des Wildschweins

Zeichnen – das Verhalten eines Wildtieres direkt nach dem Schuss. Je nach Sitz des Treffers reagiert das Wild unterschiedlich und vollführt verschiedenartige Bewegungen oder Sprünge.

Zerwirken – das → Aus-der-Decke-Schlagen beziehungsweise → Abschwarten des Schalenwilds und das anschließende Zerlegen in küchenfertige Teilstücke

DANKSAGUNG

Zum Abschluss möchte ich all denjenigen danken, die mich bis zum letzten Wort dieses Buches unterstützt haben. Die Namen aller aufzuzählen würde etliche weitere Seiten füllen, daher bitte ich um Nachsicht, dass ich darauf verzichte. Speziell aber möchte ich mich bei meiner Familie bedanken, die mich stets in jeder Situation unterstützt hat. Ihre aufmunternden Worte, wenn es einmal weniger gut lief, aber auch einfach nur die Gewissheit, dass da immer jemand ist, der hinter mir steht, haben mich stets aufs Neue motiviert. Ich möchte mich darüber hinaus bei allen Jägern und Hundeführern bedanken, die meinen Wissensdurst seit Beginn meiner grünen Karriere gestillt haben. Mein Dank gilt auch all denjenigen, die mich in meiner journalistischen Laufbahn unterstützt haben und nächtelang meine Texte gelesen sowie aufschlussreiche Hinweise und Feedbacks gegeben haben.

DIE KÖNNTEN SIE AUCH INTERESSIEREN.

ISBN 978-3-8354-1795-3

ISBN 978-3-8354-1728-1

ISBN 978-3-8354-1756-4

ISBN 978-3-8354-0799-2

Mehr von BLV auf **www.blv.de**

IMPRESSUM

Projektleitung: Elena Gabler, Fabian Barthel
Lektorat: Angelika Glock
Herstellung: Susanne Fuhrmann
Bildredaktion: Petra Ender, Natascha Klebl (Cover)
Korrektorat: Andrea Lazarovici
Umschlaggestaltung und Layout: independent Medien-Design, Horst Moser, München
Satz: Uhl + Massopust, Aalen
Repro: Longo AG, Bozen
Druck & Bindung: DZS Grafik, Slowenien

ISBN 978-3-96747-006-2

1. Auflage 2020

Bildnachweis
Alle Fotos in diesem Buch stammen aus dem Privatfundus von Sophia Lorenzoni, außer: **Alamy:** 23, 37, 65, 70, 92, 107, 198, 202, 209; **Petra Ender:** 7, 100, 112, 116, 126, 131, 231, 238; **F1online:** 75, 159; **Getty Images:** 2, 154; **Caspar Hartmann:** 89, 97, 99; **Mauro Lindner:** 26; **Helena Manhartsberger:** 206; **Claas Nowak:** 40, 136, 138, 153; **Max Sattler:** 8, 31; **Markus Schuler:** 142; **Yvonne Schweiger:** 133; **Shutterstock:** 14, 60, 82, 164; **stock.adobe.com:** 47,192; **Tierfotoagentur:** 80; **Svenja Wölfinger:** 18, U4.
Cover: **Petra Ender**
Illustration: **Max Sattler**

Wichtiger Hinweis
Das vorliegende Buch wurde sorgfältig erarbeitet. Dennoch erfolgen alle Angaben ohne Gewähr. Weder Autor noch Verlag können für eventuelle Nachteile oder Schäden, die aus den im Buch vorgestellten Informationen resultieren, eine Haftung übernehmen.

www.facebook.com/gu.verlag

Liebe Leserin und lieber Leser,

wir freuen uns, dass Sie sich für ein BLV-Buch entschieden haben. Mit Ihrem Kauf setzen Sie auf die Qualität, Kompetenz und Aktualität unserer Bücher.
Dafür sagen wir Danke! Ihre Meinung ist uns wichtig, daher senden Sie uns bitte Ihre Anregungen, Kritik oder Lob zu unseren Büchern. Haben Sie Fragen oder benötigen Sie weiteren Rat zum Thema? Wir freuen uns auf Ihre Nachricht!

Wir sind für Sie da!
Montag – Donnerstag:
9.00–17.00 Uhr
Freitag:
9.00–16.00 Uhr

Telefon: 00800 / 72 37 33 33*
Telefax: 00800 I 50 12 05 44*
Mo–Do: 9.00–17.00 Uhr
Fr 9.00–16.00 Uhr
(*gebührenfrei in D, A, CH)
E-Mail: leserservice@graefe-und-unzer.de

GRÄFE UND UNZER Verlag
Leserservice
Postfach 860313
81630 München

GRÄFE UND UNZER

Ein Unternehmen der
GANSKE VERLAGSGRUPPE

blv